国外油气勘探开发新进展丛书

GUOWAIYOUQIKANTANKAIFAXINJINZHANCONGSHU

CARBONATE RESERVOIR HETEROGENEITY
OVERCOMING THE CHALLENGES

碳酸盐岩储层非均质性

【伊朗】Vahid Tavakoli 著

王友净 杜 潇 秦国省 译

石油工业出版社

内 容 提 要

本书从碳酸盐岩储层非均质性的概念入手，展现出碳酸盐岩在各个尺度中非均质性的特点和地质成因，并结合油藏实例，介绍了目前在处理碳酸盐岩各个尺度非均质性问题方面的解决方案。内容涵盖了层序、沉积、地震、测井和岩石物理学等不同方面的研究碳酸盐岩储层非均质性的分析和表征方法，尽可能地减小在预测井间储层物性参数时带来的不确定性和误差，提高预测的可靠性，为油藏后续开发方案的编制和投资规划提供理论依据。

本书适合从事开发地质研究的相关专业技术人员参考，也可供高等院校师生阅读。

图书在版编目（CIP）数据

碳酸盐岩储层非均质性／（伊朗）瓦希德　塔瓦库里
（Vahid Tavakoli）著；王友净，杜潇，秦国省译. —
北京：石油工业出版社，2021.8
（国外油气勘探开发新进展丛书；二十三）
书名原文：Carbonate Reservoir Heterogeneity：
Overcoming the Challenges
ISBN 978 - 7 - 5183 - 4729 - 2

Ⅰ. ① 碳… Ⅱ. ① 瓦… ② 王… ③ 杜… ④ 秦… Ⅲ.
① 碳酸盐岩 - 储集层 - 研究 Ⅳ. ①P588. 24

中国版本图书馆 CIP 数据核字（2021）第 161312 号

First published in English under the title
Carbonate Reservoir Heterogeneity：Overcoming the Challenges
by Vahid Tavakoli
Copyright © Vahid Tavakoli 2020
This edition has been translated and published under licence from Springer Nature Switzerland AG.
本书经 Springer Nature Switzerland AG 授权石油工业出版社有限公司翻译出版。版权所有，侵权必究。
北京市版权局著作权合同登记号：01 - 2021 - 4675

出版发行：石油工业出版社
　　　　　（北京安定门外安华里 2 区 1 号楼　100011）
　　　　　网　　址：www. petropub. com
　　　　　编辑部：(010)64523537　图书营销中心：(010)64523633
经　销：全国新华书店
印　刷：北京中石油彩色印刷有限责任公司
2021 年 8 月第 1 版　2021 年 8 月第 1 次印刷
787×1092 毫米　开本：1/16　印张：7
字数：160 千字
定价：55. 00 元
（如出现印装质量问题，我社图书营销中心负责调换）
版权所有，翻印必究

序

　　"他山之石,可以攻玉"。学习和借鉴国外油气勘探开发新理论、新技术和新工艺,对于提高国内油气勘探开发水平、丰富科研管理人员知识储备、增强公司科技创新能力和整体实力、推动提升勘探开发力度的实践具有重要的现实意义。鉴于此,中国石油勘探与生产分公司和石油工业出版社组织多方力量,本着先进、实用、有效的原则,对国外著名出版社和知名学者最新出版的、代表行业先进理论和技术水平的著作进行引进并翻译出版,形成涵盖油气勘探、开发、工程技术等上游较全面和系统的系列丛书——《国外油气勘探开发新进展丛书》。

　　自 2001 年丛书第一辑正式出版后,在持续跟踪国外油气勘探、开发新理论新技术发展的基础上,从国内科研、生产需求出发,截至目前,优中选优,共计翻译出版了二十二辑 100 余种专著。这些译著发行后,受到了企业和科研院所广大科研人员和大学院校师生的欢迎,并在勘探开发实践中发挥了重要作用。达到了促进生产、更新知识、提高业务水平的目的。同时,集团公司也筛选了部分适合基层员工学习参考的图书,列入"千万图书下基层,百万员工品书香"书目,配发到中国石油所属的 4 万余个基层队站。该套系列丛书也获得了我国出版界的认可,先后四次获得了中国出版协会的"引进版科技类优秀图书奖",形成了规模品牌,获得了很好的社会效益。

　　此次在前二十二辑出版的基础上,经过多次调研、筛选,又推选出了《碳酸盐岩储层非均质性》《油藏建模实用指南》《水力压裂与天然气钻井》《离散裂缝网络水力压裂模拟》《页岩气藏综述》《油田化学及其环境影响》等 6 本专著翻译出版,以飨读者。

　　在本套丛书的引进、翻译和出版过程中,中国石油勘探与生产分公司和石油工业出版社在图书选择、工作组织、质量保障方面积极发挥作用,一批具有较高外语水平的知名专家、教授和有丰富实践经验的工程技术人员担任翻译和审校工作,使得该套丛书能以较高的质量正式出版,在此对他们的努力和付出表示衷心的感谢!希望该套丛书在相关企业、科研单位、院校的生产和科研中继续发挥应有的作用。

中国石油天然气股份有限公司副总裁　李鹤光

译 者 前 言

碳酸盐岩储层是世界油气资源的重要组成部分,常规油气中,60%以上的储量、产量来自碳酸盐岩储层,非常规油气中,碳酸盐岩夹层也是重要的储层类型。碳酸盐岩储层相对于碎屑岩储层,表现出三个特点:一是碳酸盐岩储层的储集空间类型多样,储集规模变化巨大,从北海地区的白垩灰岩微孔,到中东地区的碎屑灰岩粒间孔—粒内溶孔,再到中国塔北地区的古洞穴—裂缝系统,储集空间从微米到米,跨越百万倍,致使其测试表征方法各异;二是碳酸盐岩储层受生物作用控制明显,生物演化造成的储层差异给"将今论古"原则带来了挑战;三是碳酸盐岩矿物稳定性较差,成岩—破裂等对碳酸盐岩储层的改造作用影响明显,沉积—成岩—构造三者相互耦合,使不同地区的碳酸盐岩储层各具特色,难以类比。因此,不同地区碳酸盐岩油藏的开发方式和开发效果常常表现出巨大差异。然而,从油藏开发角度来讲,这些差异和特点均可归入储层的微观、中观、宏观非均质性特征,因而准确描述和有效表征不同尺度碳酸盐岩的非均质性成为高效开发碳酸盐岩油藏的核心抓手。

本书系统论述了碳酸盐岩储层不同尺度非均质性的成因,非均质性特征的描述及分析方法,及其对开发地质研究工作带来的挑战和应对策略。既有定性的沉积成岩描述,也有定量的分析测试手段,既有微观的镜下识别,也有宏观的测井—地震预测,同时还对不同尺度下非均质性研究中的不确定性进行了总结,抽丝剥茧般地将碳酸盐岩非均质特征呈现在了读者面前。

在研究思路与谋篇布局方面充分展现了中外非均质性研究的差异,国外的非均质性研究落脚于三维地质模型,通过模型网格体现非均质性特征;而国内的非均质性研究更希望能够找到一些代表性的定量参数,包括早期的半定量表述,如弱、中、强非均质性,到目前常用的级差、变异系数、突进系数等,两者目标一致,但各有利弊。如何能用"三个参数"为油藏概括出储层的非均质性特点,用"三十秒"为决策者讲清储层非均质性对项目收益的影响,用"三百万网格"给油藏工程师表征出非均质性的展布,均是译者与读者需要进一步探索和努力的方向,在此与大家共勉。

前　言

非均质性是所有碳酸盐岩储层的固有特征。碳酸盐岩储层的性质在横向和垂向都有很大变化。横向变化通常是各种沉积环境造成的结果，而垂向非均质性是由盆地演化引起的。这些储层的可用数据非常有限，因此井间属性分布的预测非常复杂。油气的原地量就是通过这些属性计算得到的，因此它们非常重要。实际上，储层研究的许多方面都涉及非均质性。例如相分析和相分类，沉积环境厘定，储层岩石类型划分，流动单元的确定和层序地层学研究等。

尽管非均质性很重要，但关于碳酸盐岩储层非均质性的研究成果很少。如何评价储层的非均质性？我们应该从哪里开始以及该过程如何继续？各个尺度的非均质性如何相互联系？本书试图回答这些问题。本书从非均质性的介绍开始并阐述了相关问题，描述了该术语的定义，并说明了其研究的重要性。然后，探讨其成因，并讨论研究所需的材料。本书是根据微观到宏观的非均质性尺度的顺序来组织的。每章分为两部分。首先讨论相关的问题，然后探讨解决方案。第 1 章以非均质性的尺度结束，这是该概念最重要的方面之一。第 2 章探讨了相分析、成岩作用对储层的影响，孔隙度—渗透率关系和孔喉尺寸，然后是孔隙系统分类、岩石类型和电测曲线相，以克服微观尺度上非均质性的挑战。第 3 章是中观尺度的非均质性。沉积环境被定义为在较大的体积中组成的均质的相组合。同时，也讨论了水动力流动单元、周期性和地层对比。在第 4 章中，宏观尺度是本章的主题，因而讨论了更大尺度的变量，例如地震数据和地震解释、裂缝、分层、层序地层学概念和编图。第 5 章以岩石物理学评价以及研究人员如何克服这些计算中的非均质性挑战为结尾。

感谢我亲爱的妻子 M. Naderi - Khujin 博士设计了本书的大部分图件。她能够用一些简单但漂亮的图来说明特别复杂的概念。我们之间的交流对我也有很大帮助，特别是在宏观非均质性方面。我还要感谢我的同事 H. Rahimpour - Bonab 博士就储层非均质性的不同方面给了我独到的思路。我也很感谢我的学生 A. Jamalian 博士提供了一些图件来举例说明，并帮助我组织了本书的某些部分。在我的硕士学生 M. Nazemi，M. H. Nazari，A. Mondak 和 B. Meidani 等的帮助下，这本书的准备工作才得以实现。最后我要感谢德黑兰大学的所有同事和学生，他们的确竭尽所能地在发展地质科学。如果您对这本书有任何想法、评论或建议，欢迎与我讨论。

瓦希德·塔瓦库里

德黑兰，伊朗

2019 年 9 月

目　　录

第1章　储层非均质性:概况

储层研究最终的目的是基于主要来自井筒的有限数据预测储层属性和它们的控制因素。储层非均质性意味着储层属性在空间和时间上的变化,因此该概念是储层研究中最重要的要素。尽管如此重要,少有工作针对或记录不同方面的非均质性。碳酸盐岩的相类型有很多,并且易受成岩作用的影响,因此评价其非均质性难度更大。岩石结构和异化颗粒可以在小尺度的碳酸盐岩储层中有很大的变化。它们也可根据海平面变化和气候条件而变化。这些沉积建造组合成一个整体,成为沉积环境中不同的相带和几何形体。这些几何形体可用于推测油田尺度的储层特性。成岩作用会改变这些特性。在许多情况下,尤其是在早期成岩过程中,它们继承了原始的结构特征,不管前期沉积和成岩作用如何,许多晚期成岩作用,如裂缝,会横切原生相以及其他成岩特征。尽管相变在更大尺度上造成了非均质性,成岩作用是导致更小尺度非均质性的原因。

非均质性表现在微观、中观、宏观以及肉眼可见的尺度。相和孔隙类型是微观非均质性的例子,而沉积结构、层理和储层划分是大尺度的非均质性的体现。可以借助各种工具和方法来研究非均质性,如薄片、岩心 CT 扫描、岩心描述、储层划分和对比、地震剖面和平面图。

1.1　非均质性的定义

在最简单的定义中,非均质性是指单个物体属性的多样性。可以将变异性、差异、随机性、复杂性、多样性和偏差这些术语与该概念进行比较。在储层研究中,感兴趣的属性是流体流动和与储存相关的属性。所有与储层相关的变化都包含在该概念中。常见的属性包括矿物学、绝对渗透率和相对渗透率、孔隙类型、孔隙体积,孔喉尺寸分布、结构特征(例如粒度和分选)、成岩作用(例如胶结作用和溶解作用)和产量。一些学者(Li 和 Reynolds,1995;Zheng 等,1997)认为三维空间中的属性变化会导致体系的非均质性。而另一些学者(Fitch 等,2015)则将时间概念添加到定义中,他们指出,属性随时间的变化也会增加体系的非均质性。非连续介质在空间中的变化也被定义为非均质性(Frazer 等,2005)。

样品或地质体的非均质性很大程度上取决于目标属性类型的选择,这些属性可以相互关联或独立。例如,从孔隙度频率分布的角度来看,一米的井眼储层岩心可能是均质的,而考虑孔隙类型时,它是非均质的,该岩心中的渗透率分布可能与孔隙度相关或无关。例如,对于均质的粒间孔,它与孔隙度相关,但是在多种孔隙类型并存的情况下,它通常与孔隙体积无关。

基于前人研究,Fitch(2015)和他的合作者将非均质性定义为一个或多个参数组合在时间和空间上的变化,这些变化通常取决于选取的尺度。他们指出了参数组合的概念,这些参数决定了储层质量在时间和空间的变化。很长一段时间中,研究人员尝试定义一个包含所有属性的独特单元,术语"岩石类型"通常用于这个目的。尽管已经介绍了很多方法,如岩石类型(GRT)(Tavakoli,2018),储层质量指数(RQI)和流动单元指数(FZI)(Amaefule 等,1993),Winland 的 R_{35} 方法(Kolodzie,1980),Lucia 的岩石结构数(RFN)(Lucia 和 Conti,1987;Lucia,1995),所有这些方法中,没有一种方法适用于所有的情况,这意味着该领域的进一步研究的必要性。

Weber(1986)将非均质性定义为储层参数例如孔隙度、渗透率和孔隙类型在空间上的非均匀变化。他认为储层的非均质性是由原始沉积特征(相)和沉积后的成岩作用造成的。这是正确的,因为所有储层属性都是这两者的结果。不同的研究尺度非均质性表现的成因是不同的,这将在1.5节讨论。

应该提到的是,均质性和非均质性是连续谱的两个端点,这意味着两个体系的非均质性可以比较,并且体系或多或少是非均质的。非均质性的增加意味着目标参数混合的随机性增加(Fitch等,2015)。因此,储层的非均质性是有级次的。关键类别和范围的定义打破了这些连续的尺度,并使研究人员能从这一角度比较不同的储层,例如岩石类型、流动单元(HFU)、沉积相以及层序的体系域。

非均质性主要指的是属性在空间的变化,各向异性的定义取决于方向。换言之,如果属性与位置无关,那么它是均质的,如果与方向无关,那么它是各向同性的。从静态的角度来看,当一个物体是完全均质的,次级的属性则具有相同的值。一个广为人知的例子是储层研究中的渗透率,该属性在很多情况下是非均质的,尤其是碳酸盐岩储层,但其变化很大程度依赖于方向。很多情况下,水平渗透率比垂直渗透率要高,这是由于颗粒的沉积总是垂直于它们最大的投影面(MPA),MPA是颗粒在任意平面上的最大投影面。同时,储层中的许多隔层如缝合线和溶解缝以及页岩和硬石膏层通常是水平的。缝合线和溶解缝的形成主要是由上覆岩层压力造成的,而页岩和硬石膏层的沉积是水平的。对于各向同性的属性,如渗透率属性,在所有方向对其测量方可得到较为精确的结果。显然,这在岩心上是不可能的,因此大多数情况下只测量最大(水平)和最小(垂直)渗透率。通常,油藏的许多属性是各向异性和非均质的。图1.1展示了这两个概念的差别。

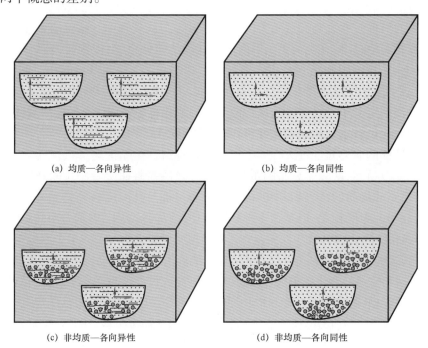

(a) 均质—各向异性　　　　　　　　　(b) 均质—各向同性

(c) 非均质—各向异性　　　　　　　　(d) 非均质—各向同性

图1.1　潮道中非均质性与各向异性的示意图

　　在储层评价研究中,许多研究者没有给予储层非均质性一个合适或清晰的定义。因此,该术语在很多情况下都是模糊的。

　　非均质性只有在尺度确定后才能被明确定义。换言之,一块岩石在某一尺度可能是均质的,而在另一尺度是非均质的。它可以是微观薄片非均质性研究,可以是中观岩心非均质性研究,也可以是宏观地层、油田和盆地非均质性研究。因此,尺度的变化可能使非均质性变为均质性(Dutilleul,1993)。相反,一个均质体也可能存在非均质的部分。例如,层理构造在井的尺度上会导致非均质性,但在岩石尺度上,层内是均质的且层理在该尺度上并不会有很大的影响。这也取决于样品的位置,如果研究者关注的是层的接触面,研究的尺度在微观层面上也是均质的。在储层评价中,关注的应当是对流体储存和运移影响大的那些属性。

　　非均质性可以定性和定量表征。前者很大程度依赖于研究者的预期和经验。如前所述,它也依赖于研究目标体的尺度。因此,非均质性应当量化来对两个体系(储层)进行直接的比较。许多统计参数在前人的文献中已有介绍。它们包括决定系数(R^2),变异系数(CV),相关系数(CC),戴克斯特—帕森斯系数,洛伦兹图和概率分布函数(PDF)。可以用这些参数来做定性分析。例如,地质岩石分类(Tavakoli,2018)取决于地质学家对沉积属性(相)和成岩作用的经验。这些岩石类型的岩石属性(如孔隙度和渗透率)的非均质性可以通过上述的统计参数方法来评估。渗透率和孔隙度的决定系数以及不同岩石类型中岩石物理变化的变异系数是一些例子(Nazemi 等,2018)。

　　储层非均质性定量分析不是一个简单的过程。首先,这其中包含许多变量。单一参数对于所有储层特征在时间和空间的变化的合理评价是不够的。例如,许多结构(例如微晶的含量,异化颗粒的大小,分选和粒间孔隙)或成岩作用参数(例如白云石化作用、溶解作用、胶结作用和压实作用)可以改变储层性质。这些参数在许多碳酸盐岩储层中是强非均质性的。因此,它们应当被包含在任何统计计算中。其他的定量参数如孔隙度和渗透率也应该被包含在内。因此,应该定义一个独特的单元来解决这个问题。该单元的定义取决于研究的尺度。例如,流动单元和电测曲线相在微观尺度是均质的,而被定义为油田尺度的层序地层单元中是非均质的。这将在第 2~4 章中讨论。第二个问题是样本数量有限。在很多情况下,没有足够多的样本来充分展示储层性质的变化。井口的直径一般为 8in(约 20cm),这只是储层体积的一小部分。如果井距为 1km,井间距离大概是样品的 5000 倍大! 实际上,仅能依据如此有限的数据和体积。在这背后是一个非常有趣的科学故事,这个故事就是本书的主题。

　　许多工作都聚焦于如何克服这个挑战。实际上,要解决碳酸盐岩储层表征中储层非均质性的问题有很多。一些储层表征的例子中定义了沉积和成岩作用相、储层岩石类型、流动单元、粗化、储层划分和层序地层。

　　非均质性评价是碳酸盐岩储层表征非常重要的部分。因此,许多研究者尝试用相对科学的流程,基于储层的非均质性来定义均质单元和储层样品分类。部分前人的研究成果对读者而言是很熟知的。例如,基于沉积学和古生物学特征来定义一个碳酸盐岩样品微相(Flugel,2010)。显然,这是一个广为人知的基于沉积背景的碳酸盐岩沉积特征分类方法,该分类的目的是解释原始沉积环境。由于碳酸盐岩储层的非均质性的存在,每一个样品都有它独特的岩石学特征,因此它们会有很多分类名称。基于 Dunam(1962)的分类,并结合 Rolk(1959)分类法给异化颗粒含量大于 10%的岩石赋以前缀且是一个很好的例子。对于含有大量生物碎屑和鲕粒的颗粒灰岩,有鲕粒颗粒灰岩、生物碎屑颗粒灰岩、鲕粒生物碎屑颗粒灰岩、生物碎屑鲕粒颗粒灰岩四种名称。其他异化颗粒如内碎屑、粪球粒、球粒、似核形石增加了命名的多样性。通过将这些样品分类到不同的微相中能够解决这个问题。该例子中,可以将其命名为生物碎屑—鲕粒颗粒灰岩,代表高能滩环境。另一个例子是岩石分类。具有相同储层特征的样品集合为同一岩石类型(Tiab 和 Donaldson,2015;Tavakoli,2018),确定储层的岩石类型有很多种方法,既有定性的地质学角度方法也有定量的方法,例如 RQI/FZI,Lorenz 和 Winland 方法等。

其他方法在储层表征中的应用有限。例如,Poeter 和 Gaylord(1990)定义的"水动力相"作为三维含水层单元要素应用在了汉福德含水层研究中。他们认为,如果将水动力相关的属性数据与连通特性相结合将会得到一个水动力相。他们声称该方法极大地提升了数值模拟的准确性。该方法随后被应用在含水层和油藏研究中,来评价和解决其中的非均质性问题(Eaton,2006;Engdahl 等,2010;Bakshevskaya 和 Pozdnyakov,2013;Finkel 等,2016;Hsieh 等,2017;Bianchi 和 Pedretti,2018;Song 等,2019)。他们为旧的概念引入了新的术语。实际上,岩石类型在地层评价中有相同的含义。

另一个例子是由 Bear(1972)首次定义的表征体积单元(REV)。他定义的名词"点"与非均质性的连续概念相对应。属性在点上的表征值为点周围的体积算数平均。显然,参与计算的体积应当足够小;否则,该平均值不是属性的一个好的表征。参与计算的体积值也应多于一个,否则,不具有算数平均意义。假定一个非均质体,ΔU_i 为非均质体的一个体积,并包含几个属性值。碳酸盐岩的孔隙类型就是一个很好的例子。该例子中,铸模孔孔隙度为一个属性。体积 ΔU_i 包含几个铸模孔。显然,由于储层的非均质性,该体积单元也包含其他的孔隙类型(图 1.2)。所求的属性的体积 $(\Delta U_v)_i$ 与 ΔU_i 之比定义为(Bear,1972):

$$n_i(\Delta U_i) = (\Delta U_v)_i / \Delta U_i \qquad (1.1)$$

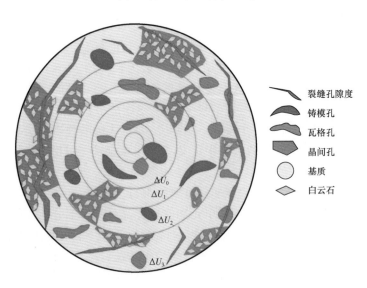

图 1.2　显微镜下碳酸盐岩孔隙类型样品的表征体积单元示意图

由于最大的属性体积单元等于假定的体积(ΔU_i),所以该比值通常小于或等于1。通过逐步缩小ΔU_i的大小,ΔU_i与$n_i(\Delta U_i)$的波动随之减小,并形成一个几乎平坦的台地,因为在理论上存在一个几乎均质的体积(ΔU_0)。ΔU_0的大小取决于尺度的选择,并且任何属性都存在ΔU_0(图1.3)。当$n_i(\Delta U_i)$为常数时,ΔU_i的体积为该属性的表征体积单元。超过该界线后,比值趋近于0或1,这取决于属性在非均质体中的位置。如果属性位于体积中心,最小的体积将被完全充满,值为1。相反,如果最小ΔU_i内的属性体积为0,则比值为0。由于表征体积单元为依据几乎均质的体积,因此算数平均可以代表它的中心。

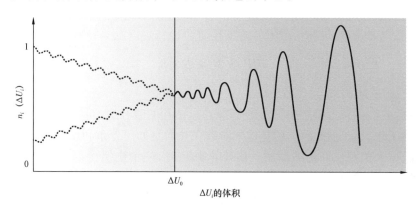

图1.3　表征体积单元定量定义及一个均质样品的体积大小

许多研究者曾在储层研究中使用过该方法。Bachmat和Bear(1987)从数学的角度解释了这个概念。Brown(2000)和他的同事用该方法来评估最合适的岩样的大小。Eaton(2006)解释了表征体积单元是具有相同控制方程的最小体积。Nordahl和Ringrose(2008)在混合岩相沉积的渗透率数据中应用了该方法。Vik(2013)和他的同事应用该方法获得了表征一个溶洞型碳酸盐岩储层的合适的样品大小。

表征体积单元是储层中表征属性均值的最小的体积。因此,该方法是油藏数值模拟中选择最小单元的一个非常有用的方法。储层的原生沉积特征和成岩作用的影响对表征体积单元的控制作用是很明显的。表征体积单元的大小也与选择的尺度有关。在碳酸盐岩油藏中,在较大的尺度中,相控制属性,然而成岩变化则改变储层在小尺度的特征。

真的有必要在储层中定义一个均质单元的新名词吗?考虑到现有的各种名词例如沉积相、成岩相、孔隙类型、孔隙相、岩石类型和流动单元和其他类似的词,看起来没有必要为储层中的这种单元定义新名词。实际上,类似包括所有属性的岩石类型的名词应当包含在储层评价中。

所有的储层参数在一个岩石类型中应该是均质的,不同的岩石类型参数是不同的(Tavakoli,2018)。因此,一个新的定义并没有多大作用。关键问题是研究新的方法,以更好地区分具有相似储层特征的岩石类型。

1.2　非均质性的重要性

储层非均质性是储层评价中最重要的问题之一。静态储层描述最主要的目标是确定油气原地量（*HIP*）。为了计算 *HIP*，有几个参数是要先确定的。它们包括油藏的几何形态、孔隙空间体积（非岩石基质孔）以及油气在这些孔隙空间中所占的比例。沉积环境的构型用以确定油藏的几何形态。相模型的概念（Walker，1984）曾用于重建油藏的几何形态并在三维空间明确各沉积单元之间的相互关系。一个相模型是典型的将各个独立的相整合到一个沉积背景的方式（Walker，1984）。

　　储层中可存储油气的空间大小为孔隙度，它是孔隙体积与样品体积之比，可以用岩心或测井曲线数据获得。孔隙空间中充填油气的那部分体积与孔隙体积之比为含油气饱和度（S_h），剩余孔隙空间被水充填，为含水饱和度（S_w）。含水饱和度是水与岩石中所有流体所占体积之比，用阿尔奇公式来确定。最后，*HIP* 定义如下：

$$HIP = V_r \times \phi \times S_h \tag{1.2}$$

式中，V_r 为岩石的总体积；ϕ 为孔隙度。

　　通常，可用的数据只占储层中很小的一部分。钻孔的直径只有约 20cm，大多数测井曲线的研究尺度小于 0.5m。主要的问题是这些参数在井间是如何分布和预测的。有时，需要通过如此有限的数据来预测几百米的储层。在计算 *HIP* 时，一个小错误都可能导致很大的误差，因而会改变油藏开发方案的设计。这种预测方式的准确性很大程度依赖于对储层非均质性认识的程度和这些属性在空间的分布。任一参数都能改变研究人员对储层的认识，也包括岩石结构和成岩影响。渗透率也应被认为是正确预测采油速度以及油田是否开发的决定因素。有许多具有特定数学算法的预测井间储层参数的软件，这些软件都有特定的规则，但这些规则都基于非均质性的概念发展而来。

　　非均质性在不同测试的样品筛选中也起到很大的作用。在岩心的常规地质分析完成后，选取部分样品来做特殊岩心分析（SCAL），这些实验通常要耗费大量的金钱和时间（McPhee 等，2015）。因此，样品的选择对这些测试非常重要。测试的样品也非常有限，其结果将分配给整个储层体积。实际上，筛选出来的样品应能代表井中的其他所有样品。在一个非均质的储层中，基于岩心常规地质分析（RCAL）的结果，将样品分为近似均质的组。考虑到每一类型的储层质量，特殊岩心分析（SCAL）的样品从这些组中筛选出来。显然，样品不会在非储层中选择。当每个组中的非均质性最小时，将获得最佳结果，因而这些结果将能代表组中的其他样品。通常，两个参数之间的相关性以方程的形式导出。举例来说，孔隙度和渗透率随覆压的增加而变化。部分样品将被选取用来做覆压测试，从而获得覆压与孔隙度和渗透率随之变化的方程。该方程用来将组中的其他空气孔隙度和渗透率数据转换为储层的覆压。

　　在更大的尺度上，非均质性在辨别储层边界时是非常重要的。估算 *HIP* 以及确定新井的位置时，储层的边界很重要。它也在井的生产和提高油藏的油气采收率中起着重要的作用。非预期的产量递减可能是储层较强的非均质性的原因，生产中的这种意外递减将对油田的经济投资带来很大的影响。一个综合的储层非均质性认识在二次采油、三次采油以及四次采油中是非常必要的。在合理的流体分布形式的预测下，注气和注水是很有效的。非均质性也可能导致预期之外的流体运移和采油井的见水。岩石的地球化学属性也随储层性质的变化而变化，这些变化对新井的设计非常重要。

　　评价储层的非均质性不限于流体相关的属性。理解原始的沉积背景和次生成岩作用也很重要。反之,这些地质特征可以用来重建某一地质时期储层中某一位置的水平和垂向的岩相、沉积环境、海平面变化和主控的成岩作用环境。这些信息可以帮助建立更准确的平面图和三维模型。

1.3　非均质性的来源

储层的岩石属性是沉积环境和次生成岩作用共同作用的结果。在一个碳酸盐岩油藏中,沉积环境受控于沉积背景的物理、化学和生物条件。除此之外,沉积环境的能量大小也起着决定性作用,影响着岩石的结构类型。颗粒灰岩形成于高能的沉积背景中,在低能沉积环境中,沉积了更多的泥质和更少的异化颗粒。随着能量的降低,颗粒灰岩相逐步变为泥粒灰岩、粒泥灰岩和泥灰岩,异化颗粒也从高能鲕粒转变为低能球粒,生物种属的多样性和丰富程度也是环境条件的函数。沉积环境的微小变化会导致生物含量、形式、种类和大小的变化。因此,不同的结构和异化颗粒类型在盆地的不同位置出现。陆源碎屑的输入也改变着岩石的岩性,在碳酸盐岩背景中,它们的含量小于50%,超过这个界限,样品就不能归类为碳酸盐岩并且沉积环境也变为以碎屑岩为主的沉积背景。这些变化在镶边陆架中更明显,从潮间蒸发岩和低能泥灰岩到潟湖的粒泥灰岩和泥粒灰岩相变很快。高能鲕粒滩或生物碎屑滩将潟湖和斜坡分隔开。沉积环境和能量在斜坡的不同部位是有差异的。沉积相在深水盆地的环境中变化更小,因为能量在很大的范围内是近乎不变的。通常,碳酸盐岩沉积背景的盆地相没有成藏潜力。

碳酸盐岩的结构在缓坡环境中是渐变的。低角度的地形造成了沉积相更弱的非均质性,因为物理、化学和生物条件的变化在此沉积背景中是渐变的。

碳酸盐岩沉积背景中不同位置的水深是变化的并且造成沉积相在平面上的非均质性,而海平面的波动会造成垂向上的非均质性。由于海平面的变化,水深的变深或变浅,沉积了具有不同结构和异化颗粒的岩石。在碳酸盐岩—蒸发岩环境中,蒸发岩矿物如石膏,其沉积并形成隔层。

尽管相变是造成碳酸盐岩储层非均质性的主要原因,在米级或几十米的尺度下,这种变化是具有旋回性的。相反,成岩作用在更小的尺度改变了岩石属性的特征,这些成岩作用在刚沉积时就开始了。海相等厚环边胶结物、微晶化、白云岩化、石膏胶结、块状钙质胶结和沉淀、裂缝、化学和机械压实和溶解,是碳酸盐岩储层中的重要成岩作用。发生于海水、大气淡水和埋藏阶段的成岩作用对相造成的影响是不同的。然而文石质鲕粒在大气淡水成岩环境中很容易被溶解,而低镁方解石胶结物则没有变化。不同壳体的矿物也影响着成岩作用和储层的非均质性(图1.4)。

Jung和Aigner(2012)介绍了六种控制碳酸盐岩地质体的因素以及它们的储层质量。它们包括地质年龄(沉积时间)、碳酸盐岩台地类型(沉积体系)、沉积相带(沉积区)、三维几何形态分类(沉积形态)、构型要素的形态(沉积要素)以及碳酸盐岩岩相(沉积相),例如,碳酸盐岩缓坡和碳酸盐岩陆架是沉积体系,沉积区是次级沉积环境如潮间带或潟湖。沙坝或沙丘是沉积形态,它们各种各样的次级环境如侧翼或脊是沉积要素。最后,岩石结构和异化颗粒构成成岩相,该研究中缺失的成岩作用也应包含在内。成岩作用通常与以上的因素相关,特别是早期成岩作用。

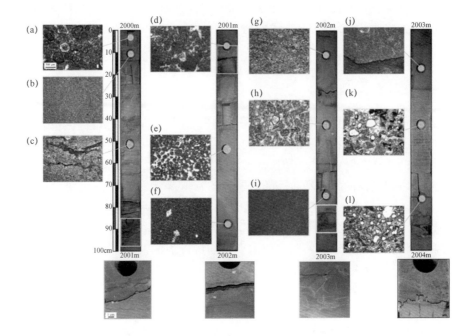

图1.4 波斯湾地区二叠纪—三叠纪碳酸盐岩岩心的岩相和成岩作用非均质性。可见颗粒灰岩
(a, d, e, h, k, l)和泥灰岩(b, c, f, i, j)在4m岩心内变化。也可见泥粒灰岩(g)。
成岩作用变化体现在微观尺度。同一薄片中可见不同大小的白云石晶体(a, b, c),
同一样品(d)中可见不同微晶化成岩作用、颗粒中不同的溶解速率(k,l)。
所有薄片的尺度均与"a"相同,单偏光

1.4　资料基础

应该使用哪些数据来研究碳酸盐岩储层非均质性的各个方面? 通常,使用两类数据,直接数据和间接数据。直接数据包括直接从岩心或岩屑中得到的数据,各种数据类型如地质数据(Tavakoli,2018)、岩石物理数据(McPhee等,2015)、地球力学数据(Zoback,2007)和地球化学数据(Ramkumar,2015)取自于岩心。岩心是最易获得储层信息的数据。此外,有些数据是无法直接从其他数据来源获得的,如渗透率和岩石结构。样品的岩石学、异化颗粒的类型和含量、微观沉积结构如生物扰动、不透明矿物的出现、层理、泥裂、角砾化和窗格构造,孔喉、裂缝、胶结物和压实特征的类型和频率可通过薄片分析获得。宏观的如裂缝、相变、大型内碎屑、各种层面、沉积构造和大孔通过宏观尺度的岩心观察获得。通过岩心 CT 扫描来识别裂缝和计算岩石物理属性。不同的岩石物理属性通常从常规或特殊岩心分析获得。高频取样将获得更多的属性非均质性特征。总之,在常规岩心分析项目中,以每米取 4 块样品为标准(Tavakoli,2018)。

岩屑是直接获取信息的另一来源,但由于样品很小,它们的应用有限。薄片可以从岩屑中制备,但可能无法辨别孔隙类型。很多常规测试无法在岩屑样品中使用。在钻井过程中,岩石不断地掉落并与底部的样品相混合。

测井曲线和地震数据是储层岩石和流体的非直接测量数据的方法。测井曲线可以提供不同类型的数据,如自然伽马、密度、孔隙度、声波速度和电阻率。储层的很多重要岩石物理分析基于这些曲线产生。测井曲线的常规取样间隔是 0.1524m。相反,地震切片提供更大尺度的数据。它们被用于宏观和中观尺度的储层研究,储层的几何形态、大的构造特征如主断层、圈闭和边界是其中的例子(图 1.5)。

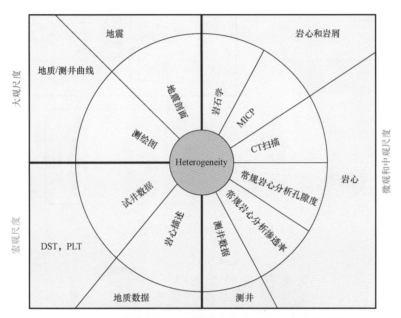

图 1.5 用来研究碳酸盐岩储层非均质性的各种数据类型。
非均质性尺度也很重要,这些分类随尺度而变化

1.5 非均质性的尺度

非均质性的概念通常与尺度相关联。实际上,某一样品可能在某一尺度是均质的而在另一尺度是非均质的。一个岩心柱塞中的孔隙类型可能是不变的,然而岩心本身是非均质的。非均质结构也依属性而不同。岩相可能在 1m 的岩心中是均质的,但在井的尺度上是变化的。非均质性和均质性是连续谱的两个极端。因此,应该定义关键单元来对非均质的等级进行分类。样品具有不同的大小,这取决于研究的目标,在 1.1.1 节中讨论的表征体积单元是样品大小如何在非均质性中起到重要作用的一个数学表征。

非均质性存在于微观、中观、宏观、巨型和超大型尺度中。微观非均质性包括相特征、成岩作用影响、孔隙类型、孔喉大小、颗粒形状、大小、堆积样式以及矿物学特征。这些非均质性通过薄片、扫描电镜(SEM)、压汞毛细管压力实验(MICP)、岩心 CT 扫描和测井曲线获得。该尺度可以体现孔隙度—渗透率关系,将各种分类框架(例如孔隙类型)应用到数据中,也从测井曲线中定义电测曲线相(EF)来解决微观尺度的非均质性的挑战。在中观尺度,小尺度的数据被整合到井的尺度来建立储层中可追踪的均质单元。沉积环境和流体单元(HFUs)的定义,地层对比和粗化是一些例子。宏观尺度的非均质性包括油田尺度的变化如分层、隔层、层序地层学、储层分带和横向属性趋势(图 1.6)。巨型尺度的非均质性表现为盆地尺度的参数如构造

活动和构造特征以及沉积条件。因此,应将不同类型的数据结合在一起共同克服储层非均质性的挑战(图1.7)。

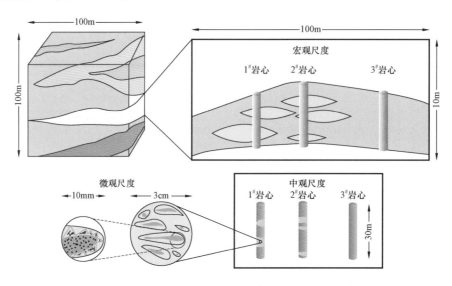

图1.6 从微观到油田尺度的非均质性

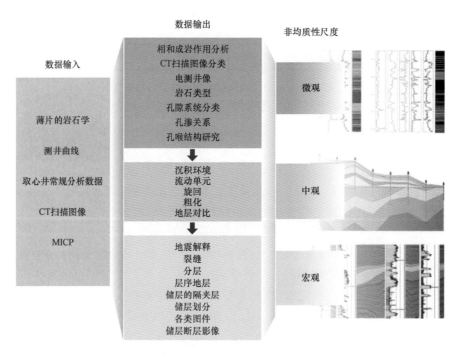

图1.7 数据输入、输出和不同尺度的储层非均质性

地层的采样、追踪、对比和成图并不限于地表露头,但地下研究中工具的分辨率是个主要的问题。直接观察在地下是无法实现的,因此分析所用的采样间隔和尺度很大程度取决于所用工具的分辨率。

参 考 文 献

Amaefule JO, Altunbay M, Tiab D, Kersey DG, Keelan DK (1993) Enhanced Reservoir Description: using core and log data to identify hydraulic (flow) units and predict permeability inuncored Intervals/Wells. In: 68th annual technical conference and exhibition. Houston, TX, Paper SPE26435

Bachmat Y, Bear J (1987) On the concept and size of a representative elementary volume (REV). In: Bear J, Corapcioglu MY (eds) Advances in transport phenomena in porous media. NATO Advanced Study Institute on Fundamentals of Transport Phenomena in Porous Media Series E, vol 128. Kluwer Academic Publishers, Dordrecht, Boston, MA, pp 3 – 19

Bakshevskaya VA, Pozdnyakov SP (2013) Methods of modeling hydraulic heterogeneity of sedimentary formations. Water Resour 40(7):767 – 775

Bear J (1972) Dynamics of fluids in porous media. American Elsevier Publishing Co, New York Bianchi M, Pedretti D (2018) An entrogram – based approach to describe spatial heterogeneity with applications to solute transport in porous media. Water Resour Res 54(7):4432 – 4448

Brown GO, Hsieh HT, Lucero DA (2000) Evaluation of laboratory dolomite core sample size using representative elementary volume concepts. Water Resour Res 36(5):1199 – 1207

Dunham RJ (1962) Classification of carbonate rocks according to depositional texture. In: Ham WE (ed) Classification of carbonate rocks. AAPG Memoir 1, Oklahoma

Dutilleul P (1993) Spatial heterogeneity and the design of ecological field experiments. Ecology 74:1646 – 1658

Eaton TT (2006) On the importance of geological heterogeneity for flow simulation. Sediment Geol 184:187 – 201

Engdahl NB, Vogler ET, Weissmann GS (2010) Evaluation of aquifer heterogeneity effects on river flow loss using a transition probability framework. Water Resour Res 46:W01506

Finkel M, Grathwohl P, Cirpka OA (2016) A travel time – based approach to model kinetic sorption in highly heterogeneous porous media via reactive hydrofacies. Water Resour Res 52(12):9390 – 9411

Fitch P, Lovell MA, Davies SJ, Pritchard T, Harvey PK (2015) An integrated and quantitative approach to petrophysical heterogeneity. Mar Petrol Geol 63:82 – 96

Flugel E (2010) Microfacies of carbonate rocks, analysis, interpretation and application. Springer, Berlin

Folk RL (1959) Practical petrographic classification of limestones. AAPG Bull 43(1):1 – 38

Frazer GW, Wulder MA, Niemann KO (2005) Simulation and quantification of the fine – scale spatial pattern and heterogeneity of forest canopy structure: A lacunarity – based method designed for analysis of continuous canopy heights. For Ecol Manag 214(1 – 3):65 – 90

Hsieh AI, Allen DM, MacEachern JA (2017) Upscaling permeability for reservoir – scale modeling in bioturbated, heterogeneous tight siliciclastic reservoirs: Lower Cretaceous Viking Formation, Provost Field, Alberta, Canada. Mar Petrol Geol 88:1032 – 1046

Jung A, Aigner T (2012) Carbonate geobodies: hierarchical classification and database—a new workflow for 3D reservoir modelling. J Petrol Geol 35:49 – 66

Kolodizie SJ (1980) Analysis of pore throat size and use of theWaxman – Smits equation to determine OOIP in Spindle Field, Colorado. SPE paper 9382 presented at the 1980 SPE Annual Technical Conference and Exhibition, Dallas, Texas

Li H, Reynolds J (1995) On definition and quantification of heterogeneity. Oikos 73:280 – 284

Lucia FJ (1995) Rock – fabric/petrophysical classification of carbonate pore space for reservoir characterization. Am

Assoc Petr Geol B 79(9):1275 – 1300

Lucia FJ, Conti RD (1987) Rock fabric, permeability, and log relationships in an upward – shoaling, vuggy carbonate sequence. Bureau of Econ Geol Geol Circular 87 – 5

McPhee C, Reed J, Zubizarreta I (2015) Core analysis: a best practice guide. Elsevier, UK Nazemi M, Tavakoli V, Rahimpour – Bonab H, Hosseini M, Sharifi – Yazdi M (2018) The effect of carbonate reservoir heterogeneity on Archie's exponents (a and m), an example from Kangan and Dalan gas formations in the central Persian Gulf. J Nat Gas Sci Eng 59:297 – 308

Nordahl K, Ringrose PS (2008) Identifying the representative elementary volume for permeability in heterolithic deposits using numerical rock models. Math Geol 40(7):753 – 771

Poeter EP, Gaylord DR (1990) Influence of aquifer heterogeneity on contaminant transport at the Hanford Site. Ground Water 28(6):900 – 909

Ramkumar Mu (ed) (2015) Chemostratigraphy: concepts, techniques and application. Elsevier, Amsterdam

Song X, Chen X, Ye M, Dai Z, Hammond G, Zachara JM (2019) Delineating facies spatial distribution by integrating ensemble data assimilation and indicator geostatistics with level – set transformation. Water Resour Res 55: 2652 – 2671

Tavakoli V (2018) Geological core analysis: application to reservoir characterization. Springer, Cham, Switzerland

Tiab D, Donaldson EC (2015) Petrophysics, theory and practice of measuring reservoir rock and fluid transport properties. Gulf Professional Publishing, Houston

Vik B, Bastesen E, Skauge A (2013) Evaluation of representative elementary volume for a vuggy carbonate rock—part: porosity, permeability, and dispersivity. J Petrol Sci Eng 112:36 – 47

Walker RG (1984) General introduction: facies, facies sequences and facies models. In: Walker RG (ed) Facies models, 2nd edn. Geological Association of Canada, Geoscience Canada Reprint Series 1

Weber KJ (1986) How heterogeneity affects oil recovery. In: Lake LW, Carroll HB (eds) Reservoir characterization. Academic Press, New York, pp 487 – 544

Zheng quan W, Qingeheng W, Yandong Z (1997) Quantification of spatial heterogeneity in old growth forests of Korean Pine. J For Res 8:65 – 69

Zoback MD (2007) Reservoir Geomechanics. University Press, Cambridge, England

第2章 微观非均质性

非均质性在时间和空间中是变化的,并且该变化取决于研究的尺度。本章将详述碳酸盐岩储层的微观非均质性。首先要讨论的是哪些方法和数据适合碳酸盐岩微观非均质性研究。随后,对这些方法进行介绍。所有的储层特征都取决于地质属性,因此需要讨论沉积相和成岩作用对碳酸盐岩的影响。通过相组合和成岩相将不同的地质属性进行相似性分类。CT扫描用来分类样品,智能系统被广泛用于此目的。孔隙度—渗透率关系是理解一个单元均质性的最重要的标准之一。石灰岩储层和白云岩储层是不同的。粒间孔、铸模孔和溶孔具有完全不同的岩石物理特征并且主要出现在石灰岩储层中。白云石晶体间的晶间孔增加了样品的均质性,但是最终还要取决于白云岩化的类型和程度。与石灰岩储层相反,白云石具有小孔隙但更为均匀的孔喉结构分布。孔隙体系分类、岩石分类方法以及电测曲线相是分析微观非均质性研究的方法。孔隙类型强烈影响着碳酸盐岩储层岩石物理属性的特征。孔隙类型可以从多个方面进行分类。岩石类型分类的流程开始于对样品的地质属性以及岩石物理属性的连续性研究。测井曲线数据的分类先基于其相似的读数,然后与先前确定的岩石类型相关联,最终确定的储层单元用于在三维空间的井间储层属性预测。

2.1 沉积相分析

相是沉积岩样品的一系列属性特征组合,该术语由Gressly(1838)首次提出,并且至今还有很大的争论。近期,由Flugel(2010)提出的微相术语指的是一个碳酸盐岩手标本和薄片所观察的所有属性特征。实际上,微相等同于碎屑岩中的岩石物理相和岩相。常规地,用术语相来代替微相,相和微相在本书中同义。Dunham(1962)分类通常将含量最高的一种或两种异化颗粒(大于10%)来命名碳酸盐岩相(图2.1)。这种分类方法反映了沉积环境的能量大小及异化颗粒的含量,因此可以指示沉积环境。沉积于同一环境的相,其储层属性也可能相同。沉积后岩石属性可能受成岩作用的影响。因此,原生沉积条件和次生成岩变化共同决定着储层的最终质量。

根据以上的定义,一个非均质的碳酸盐岩地层中可能包含多种相。因此,相被归纳为相组合,定义一个相组合的主要标准是沉积环境。相最主要的定义是沉积条件,因此相似的相被归为一个相组合(Tavakoli,2018)。相组合与储层特征是相互独立的,但是根据前述,由于相组合具有相似的沉积条件,因而它们的储层属性也应该是相同的。因此,可以通过样品的岩石物理特征来预测碳酸盐岩储层中相的分布。

相的非均质性是沉积环境条件改变的直接结果,尤其是沉积背景的能量变化。相能够在几分米至几十米内变化。图2.2展示了波斯湾近滨的一口井中,伊朗两套地层Dalan组(晚二叠世)和Dariyan组(阿普第阶)碳酸盐岩相的变化。从图2.2中可以看到,Dalan组中相是变化的,然而Dariyan组中相在几十米范围内是不变的,这与沉积的深度有关。Dariyan组被认为沉积于内—中缓坡背景,而Dalan组主要沉积于动荡的内缓坡背景(Tavakoli和Jamalian,2018)。因此,Dariyan组主要以泥质为主。图2.2也可见两套地层的岩石结构及孔隙度分布。

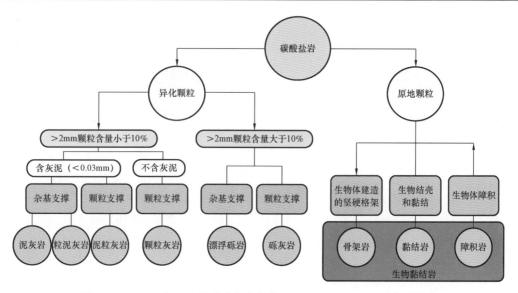

图 2.1 Dunham(1962)的碳酸盐岩分类,经 Embry 和 Klovan(1971)修改

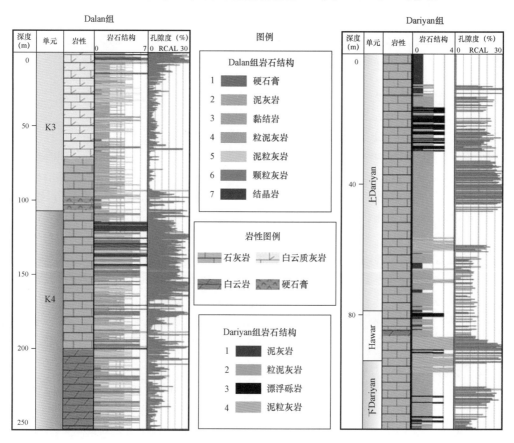

图 2.2 伊朗 Dalan 组(晚二叠世)和 Dariyan 组(阿普第阶)相、
岩性和孔隙度分布(修改自 Tavakoli 和 Jamalian,2018)

许多研究者曾尝试寻找相分布和储层属性间的关系。Lucia（1995）将颗粒大小和样品结构与岩石的孔隙度和渗透率相关联,他定义了三种岩石物理类型,每一类型包含特定的岩石结构和孔渗关系分布。Lucia 的分类方法被大量学者广泛应用于世界各地的碳酸盐岩储层,用于评价岩石结构和孔渗分布的相关性。图 2.3 展示了伊朗 4 套碳酸盐岩储层的孔渗交会图,从图 2.3 中可以看出以颗粒为主的石灰岩通常具有较高的孔隙度和渗透率。与泥灰岩和粒泥灰岩相比,颗粒灰岩和泥粒灰岩具有较高的孔隙度和渗透率。这些储层包括 Kangan 组和 Dalan组（等同于 Khuff 组,是世界上最大的气田）,以及 Ilam 和 Sarvak 两个伊朗的含油储层。

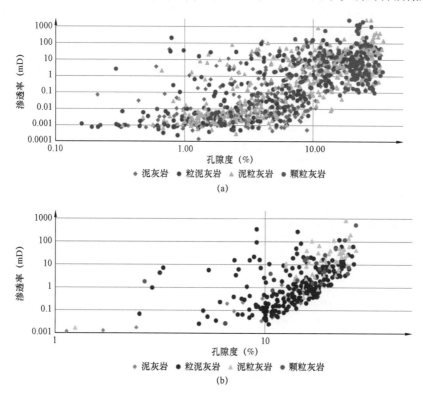

图 2.3　伊朗 4 套碳酸盐岩储层孔渗交会图,包括二叠纪—三叠纪的波斯湾近滨
Dalan 组和 Kangan 组（a）和伊朗东南部的白垩纪的 Ilam 组和 Sarvak 组（b）

2.2　成岩作用影响

沉积岩在沉积后立刻受到成岩作用的影响。这些岩石的非均质性由于海洋环境、大气淡水环境和埋藏环境的成岩作用而发生改变。胶结作用、溶解作用、压实作用、新生变形作用、白云石化作用和裂缝是碳酸盐岩储层中常见的成岩作用。其中一些成岩作用改善了储层的质量,并提高了孔隙度和渗透率,而其他成岩作用则降低了储层的质量。相的分布继承了沉积环境的趋势变化,而许多例子表明成岩作用则继承了相的特征,尤其是早期成岩作用（图 2.4）。文石质鲕粒更容易在大气淡水环境中溶解。广泛的白云石化作用发生于渗透—回流白云岩化模式,该模式出现在潮缘环境中。在许多例子中该作用是组构选择性白云石化作用。因此,其

变化的尺度要小于相。白云石化作用是碳酸盐岩储层中最重要的成岩作用之一,并对储层属性的影响极大。因此,应分开讨论石灰岩和白云岩。

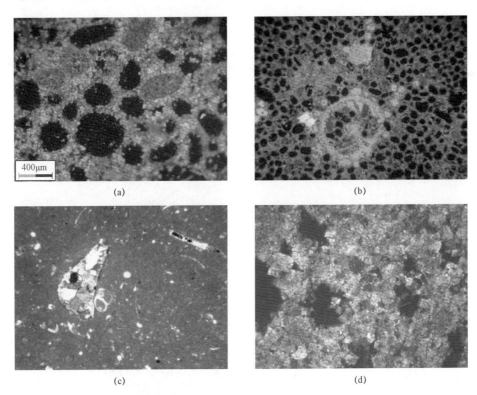

图 2.4 3 个不同地质年龄的碳酸盐岩储层选择性成岩作用薄片。Arab 组(白垩纪)鲕粒的选择性溶解(a),
Arab 组生物碎屑溶蚀孔内的硬石膏胶结,以及球粒和生物碎屑溶蚀(b),Dariyan 组(阿尔必阶)
生物碎屑的选择性溶蚀和方解石嵌晶胶结(c),Asmari 组(渐新世—中新世)异化颗粒的溶解和
基质的白云岩化(d)。所有的样品来自伊朗西南部含油储层。薄片照片均为正交偏光,
均在相同尺度下拍摄

2.2.1 石灰岩

方解石是石灰岩储层中最主要的造岩矿物,它的沉淀形式可以是文石、低镁方解石(LMC)或高镁方解石(HMC)。文石和高镁方解石是亚稳态的方解石,并可以逐渐转化为更稳定的低镁方解石。钙质动物群的壳由不同的矿物组成,由此增加了碳酸盐岩储层的非均质性。因此,由于石灰岩储层的矿物组成不同,储层通常具有非均质性。矿物组成的不同极大地影响了后期的成岩作用。文石和低镁方解石更容易遭受溶解作用和白云石化作用,这种选择性成岩作用改变了储层的非均质性和储层质量,高孔隙度和低渗透率是这类储层的主要特征。溶蚀矿物以等厚环边、块状、叶片状和嵌晶状沉淀胶结。方解石胶结也改变了碳酸盐岩储层在微观尺度的非均质性。等厚环边胶结保留了样品的原始组构,这种胶结方式将以颗粒为主的岩石样品中的异化颗粒包裹起来,阻止了后续的压实作用因而保持了样品的均质性。相反地,块状胶结形成于更大的孔隙中(Ehrenberg 和 Walderhaug,2015),因此这种胶结形式增大了碳酸盐岩储层的非均质性。方解石微晶受新生变形作用的影响而发生重结晶使晶体增大。碳酸盐

异化颗粒的原始组构在海洋环境中会转变为微晶方解石,这将会影响整个异化颗粒或其壳体,使微晶方解石包裹整个颗粒。这种包裹形式阻碍了异化颗粒遭受更多成岩作用的影响(如压实作用)。在碳酸盐岩中,纹层并不是常规的构造,但在某些例子中是存在的。例如,叠层石具有原生的纹层构造。它们通常出现在潮缘环境,但也可在更低的潮间甚至浅海环境出现(Tavakoli 等,2018)。潟湖环境中的微晶方解石颗粒的沉积也可形成小纹层。在这种纹层沉积中,地质和岩石物理的属性在水平方向近乎是相同的,但在纵向上是非常不同的。

生物扰动也增加了碳酸盐岩地层的非均质性,这种作用也会改变储层的属性特征。窗格构造主要根据层理排列,如果没有被胶结物充填将会增加样品的孔隙度,该类孔隙对储层的演化没有很强的影响。其他因素的影响如泥裂、不透明矿物和角砾化也可忽略不计。

通常,碳酸盐岩地层中有多种多样的孔隙类型。原生粒间孔在岩石中的分布是均匀的。它们主要形成于高能沉积背景中并被认为是颗粒结构。相反地,次生孔隙的分布如铸模孔和瓦格孔(Vuggy)的分布是不均匀的,它们对岩石的影响根据异化颗粒的原生矿物组成而不同。裂缝会切穿胶结物、基质和异化颗粒,增加了地层的非均质性,尤其对开发的影响很大。裂缝对碳酸盐岩储层非均质性的影响将在 4.2 节讨论。

物理压实在岩石埋藏很深时有影响。因为压实降低了孔隙度,使颗粒破裂或凹凸接触,使较软的矿物变形。化学压实作用相关的构造对储层属性特征的影响很大(Bruna 等,2019),该类地层受化学压实的强度和方向强烈受控于区域主应力的方向。在许多例子中,这种压力属于静岩压力,因此通常与层理平行。通常,缝合线和溶蚀缝会形成渗流屏障降低渗透率(Mehrabi 等,2016)。根据聚集在缝合线处的矿物类型和大小的不同也可具有渗透性(Koehn 等,2016)。因此,它们可以改变储层的非均质性。至关重要的一点是:物理压实作用在地质历史时期和现今对碳酸盐岩储层质量的影响是不同的。

2.2.2 白云岩储层

白云岩储层的白云石化作用模式和结构已在许多文献中记载(Sibley 和 Gregg, 1987;Lucia 和 Major,1994;Warren,2000;Machel,2004;Carnell 和 Wilson,2004;Saller,2004;Huang 等,2014;Tavakoli 和 Jamalian,2019)。白云岩储层大约储存了世界上 50% 的油气资源,因此仍是研究的重点。几乎所有的白云岩都是次生成岩作用形成的,由先前的方解石经白云石化作用形成,在这一作用中,一半的层间构造中的钙离子被镁离子替代。

白云石根据形状和大小分类。Friedman(1965)提出了白云石晶体的自形结构、半自形结构和它形结构的术语。Sibley 和 Gregg(1987)将晶体边界的形态分为"s"形面状(半自形的)、"e"形面状(自形的)和非面状。在自形结构中,晶间被其他矿物充填或形成孔隙。因此,这种结构一般会增大岩石的非均质性(图 2.5a)。在一个白云石均匀分布的例子中,尽管其中的矿物不同,但它们具有相同的非均质性(图 2.5b)。相反,含半自形结构白云石的岩石,晶体结合处的非均质性更小(图 2.5c、图 2.5d)。含非平面的白云石晶体的岩石中,样品完全白云石化,因此非均质性最低(图 2.5e)。这种白云石晶体结构和排列的多样性也影响着储层质量。首先,大多数自形白云石晶体分散在基质中的例子最多,并且对储层属性的影响较小。随着白云石的含量增高,孔隙度也随之增大。因此,具有"s"形面状结构的白云石具有更高的孔隙度(图 2.5c)。之后,储层质量随白云石化程度的增加孔隙度再次减小,这些样品通常具有非平面结构的它形白云石晶体(图 2.5e)。蒸发岩矿物(尤其是硬石膏)在碳酸盐岩储层中很常见。

它们也会降低储层质量和增加储层的非均质性(图2.5f)。应当注意到,不同的白云石结构通过改变岩性和储层岩石的孔隙度来增加或降低储层的非均质性。

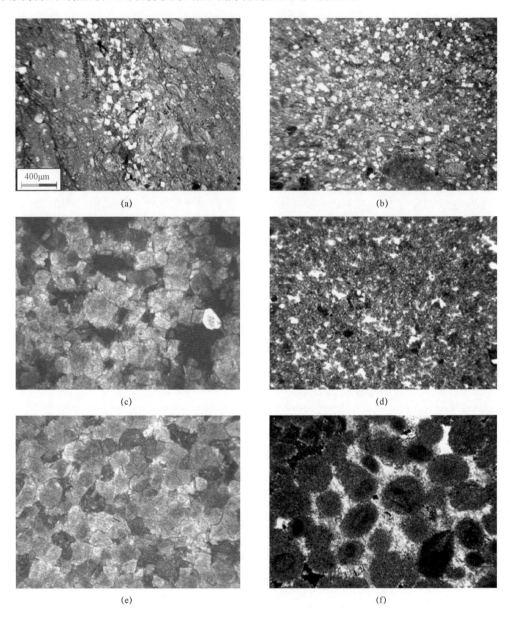

图2.5　分散的微晶白云石对储层质量没有很大的影响但在微观尺度增加了非均质性
(a,上白垩统 Tarbur 组);该类白云石既不造成非均质性也对储层属性没有很大影响
(b,上白垩统 Tarbur 组),"s"形平面白云石具有较高的孔隙度,大的白云石晶体
(c,渐新统—中新统 Asmari 组)和细晶白云石(d,上二叠统 Dalan 组),非平面形(它形)
均质白云石不含孔隙(e,渐新统—中新统 Asmari 组)和硬石膏胶结(f,上二叠统 Dalan 组)。
薄片均在相同尺度下拍摄。样品 a,b 和 d 为单偏光拍摄,其他为正交偏光碳酸盐岩的原生组构可能被选择性白云石化或非选择性白云石化。组构选择性白云石化作用可以保持原岩的原生结构(图2.6a)。亚稳态的矿物如文石或高镁方解石在早期成岩阶段可能被转化为白云石。因此,一部分岩石被白云石化而另一部分仍然是方解石(或文石)。这种白云石化作用通过改变岩性从而增加了储层的非均质性。相反,非组构选择性白云石化作用,岩石的基质、胶结物和异化颗粒均可能会转变为白云石,这一过程降低了储层的非均质性(图2.6b),直到出现不同期次的白云石。例如,亚稳态的矿物可能在早期成岩阶段中遭受回流渗透白云石化作用,该类白云石为具有它形结构的细晶白云石。白云石化作用继续在埋藏阶段进行,并形成更大的具有"e"形平面的白云石晶体。在这种情况下,岩石普遍被白云石化但仍然是非均质的。

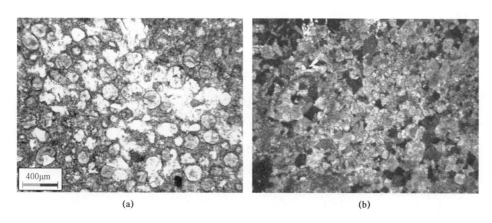

(a)　　　　　　　　　　(b)

图2.6　上三叠统 Kangan 组的组构选择性白云石化作用(a,单偏光),渐新统—中新统
Asmari 组中的非组构选择性白云石化作用(b,正交偏光)。广泛发育的白云石中仍可见
残余的生物碎屑形态(箭头),薄片均在相同尺度下拍摄

白云岩储层中的孔隙成因仍存在争议,可能与白云石化作用相关或属于先前石灰岩的孔隙(Purser 等,1994)。在分子对分子的白云石化作用过程中,可产生高达13%的孔隙度(Tucker 和 Wright,1990;Machel,2004)。一些学者认为(Saller 和 Henderson,1998,2001)体积对体积的转换过程中孔隙度可能是不变的甚至降低。结合前述研究,可以总结为先前存在于石灰岩中的孔隙在白云石化过程中可能会增加(Tavakoli 和 Jamalian,2019)。因此,部分孔隙来自于原生沉积组构,而另一部分来自白云石化作用增加的孔隙。白云石化作用增加了晶间孔或提高了原生粒间孔隙度(Tucker 和 Wright,1990;Machel,2004;Tavakoli 和 Jamalian,2019)。所有这些孔隙类型是连通的,并且渗透率在这一过程中也是增大的,这使得碳酸盐岩储层的非均质性降低,因为它提高了孔隙度—渗透率的相关性。早期白云石和晚期白云石对此的影响是相同的,因此,显然白云石结构对碳酸盐岩储层来说是非常重要的。

2.2.3　成岩相

成岩作用对储层属性有很强的影响,并且能够增加或降低储层的孔隙度和渗透率。因此,定义一个相似成岩特征的单元对于研究储层非均质性是很有用的。从"相"的术语来说(Gressly,1838),成岩相可以总结为具有相同成岩影响的岩石。实际上,如相本身,也可根据储层岩石的成岩属性定义成岩相。Zou(2008)和他的同事认为根据对储层属性的影响,可以将成岩作用分为建设性成岩作用和破坏性成岩作用。成岩作用是岩石结构、流体、温度和先前沉积物所受压力的结果。同一成岩相内的岩石通常具有相同的沉积特征,因此成岩相可以被用来预测储层参数的空间分布。成岩相分类所用的数据源为岩心和露头。前人也对测井相和成岩相之间的关系进行了研究(Cui 等,2017;Lai 等,2019)。可以根据成岩矿物、成岩作用和成岩环境对成岩相进行分类。碳酸盐岩中主要的成岩矿物为白云石,这已经在 2.2.2 节讨论过。主要的成岩作用有泥晶化作用、重结晶作用、海洋环境的胶结作用、溶解作用、白云石化作用、压实作用(物理的和化学的)、埋藏胶结作用和破裂作用。碳酸盐岩的成岩环境有三种:海洋、大气淡水和埋藏环境。成岩作用的研究应在成岩环境的范畴内讨论。许多例子表明,发生于大气淡水和浅埋藏时期的成岩作用提高了储层的物性,而埋藏时期的成岩作用降低了孔隙度和渗透率。破裂作用在晚成岩期提高了岩石的渗透率。埋藏阶段的溶解作用对储层的物性有很大的提升。

储层质量是碳酸盐岩储层样品分类最重要的标准。因此,成岩相一般根据其对储层物性的建设性或破坏性进行分类。主要的建设性成岩作用包括溶解作用和白云石化作用,它们可以分别形成铸模孔和晶间孔。破坏性成岩作用为压实作用和胶结作用。最终的储层质量是原生沉积相和次生成岩相的综合结果,因此需要同时参考这两者来定义一个储层单元。Wang(2017)和他的同事基于一个砂岩储层的研究,对其定义了沉积—成岩相。在碳酸盐岩储层中,沉积—成岩相是微相和成岩相的组合。同时考虑沉积和成岩的影响将更有助于分析储层的非均质性。因此,定义这样的相是比较复杂的(图 2.7)。实际上,该定义与岩石类型(GRT)的概念是很接近的(Tavakoli,2018)。

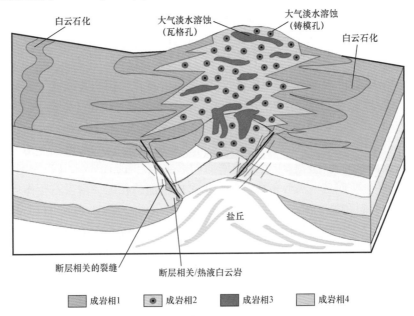

图 2.7　带有点状鲕粒滩的缓坡环境的成岩相。广泛分布的白云石化作用造成了低孔高渗的特征(成岩相 1),而含铸模孔的石灰岩表现出高孔低渗的特征(成岩相 2)。大溶孔由大气淡水溶解作用形成(成岩相 3),并且热液白云岩与盐丘底劈形成的断层和裂缝相关。
成岩相 1 和 2 继承原生沉积背景,而成岩相 3 和 4 与沉积环境无关

例如任一均质单元,应当在微观尺度研究成岩相,并通过岩心分析、测井曲线数据、粗化、地层对比、平面图和静态模型将其扩展到中观尺度和宏观尺度(图2.8),它们也可用来更准确地预测储层属性,例如渗透率。每一成岩相对这类预测都有特定回归系数和公式。

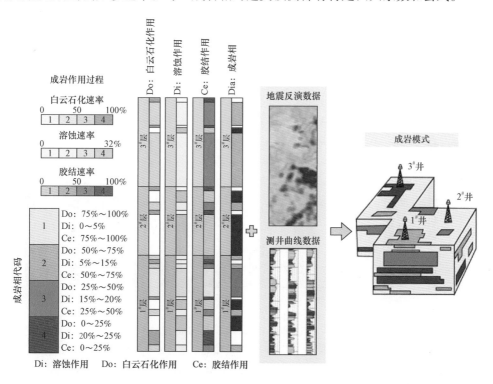

图2.8 从各类成岩作用中定义一个成岩相的不同阶段。可以结合测井曲线和地震数据模拟成岩相的分布

2.2.4 定量成岩作用

需要定量的数据来定义一个储层单元以解释储层非均质性以及在三维空间预测储层的属性分布。许多成岩相关的储层特征可以用数字来表示,但通常是定性的并且不适用于某些储层研究,如静态模型和动态模型(Nader,2017)。举例来说,每一孔隙类型在岩石学研究中用数字表示,但这些数字没有应用在之后储层评价中,充其量只考虑了最主要的孔隙类型。

在微观尺度,岩石学研究是获取信息的主要来源。通过标准数据表来研究定量成岩作用(Tavakoli,2018)。矿物的总量通常是百分数,可以通过对比图表、点计数法或定量 X 射线衍射(XRD)确定。最新研究的微观 CT 扫描方法也可以用来确定矿物含量(Nader,2017)。每一孔隙类型可以用对比图表或点计数法的方法估算。微裂缝也是研究的内容,但将定性的观察转换为定量的数据通常很困难(更详细的描述见4.2节)。可以记录某一深度段内的裂缝的频率,通常用 0~4 的等级来表示裂缝的频率,分别对应术语无、少量、常见、大量以及极多。胶结作用是碳酸盐岩储层中常见的成岩作用。等厚环边胶结、块状胶结和叶片状胶结是常见的形式,也将其分为 0~4 的等级。压实作用相关的裂缝例如缝合线和溶解缝表现出上覆岩层压力的影响,这也是构造应力的结果。这些构造的方向无法从薄片中得知,但其发育的频率可以用标准对比图表从无到极多来表示。白云石根据形态通常被分为面状和非面状,根据大小分为微晶和砂糖状,其含量也可用等级来表示。

数据收集后,在确定任何成岩相或沉积—成岩相之前,需要对数据进行综合分析。例如,需要研究成岩作用及其产生的影响、沉积相和最终的储层质量之间的关系。通过一个大型的数据库,Tavakoli 和 Jamalian(2019)对沉积相、白云石化作用、孔隙类型分布和硬石膏胶结之间的关系进行了研究。结果表明含铸模孔的颗粒灰岩相与各种白云石化的相的样品具有最多的孔隙空间(图 2.9)。白云石化作用也提高了样品的孔隙度。在白云石化的层段内,以颗粒为主的和以泥质为主的相分别具有较高和较低的孔隙度(图 2.10)。因此,储层由较高孔隙度的颗粒灰岩和不同的白云石化的岩相组成。硬石膏胶结充填了孔隙空间,降低了样品的孔隙度。

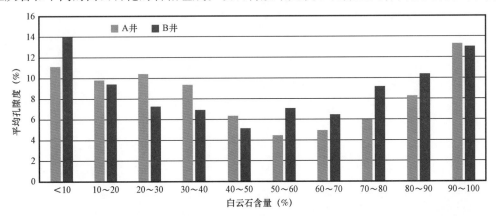

图 2.9　波斯湾中部二叠纪—三叠纪地层(Dalan 组和 Kangan 组)的 2 口井中(A 井和 B 井)不同白云石含量的样品的平均孔隙度直方图。高含量和低含量白云石的样品具有最高的孔隙度,表明沉积相和白云石化作用对孔隙的演化均有影响

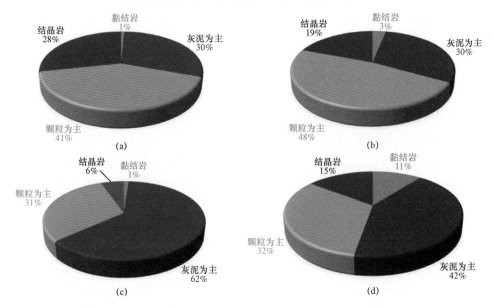

图 2.10　波斯湾中部二叠纪—三叠纪地层 2 口井的白云石化样品的原始结构图。图中展示了大于 10%孔隙度(a 和 b 分别来自 A 井和 B 井)和小于 10% 的孔隙度(c 和 d 分别来自 A 井和 B 井)的样品岩相占比(Tavakoli 和 Jamalian,2019)

在更大的尺度,成岩作用可用其他方法定量表示。矿物含量(如白云石的含量)可以用地质图和地形数据或数字高程模型计算。值得注意的是,在计算地下的体积时,还应弄清地质体的形态。定量成岩数据可以与地震剖面相结合(Sagan 和 Hart,2006),该结合可以通过其他岩石学数据或测井数据来实现(见2.9节)。

2.3　CT 扫描数据

图像分析技术在储层评价中应用广泛,该技术通过寻找岩石学参数与图像特征的关系建立相关性。各种类型的图像包括岩心 CT 扫描(计算机断层扫描技术)可以用于储层非均质性研究。岩心 CT 扫描是石油工业领域一种先进的医学影像技术与非医学应用相结合的 CT 扫描技术。这种技术可以观察岩心切面的岩石结构和形态。在该方法中,一束 X 射线激光束从各个角度穿过物体,探测器测量 X 射线的衰减强度并将射线转换成图像。测量物体切面的结果以图像的形式展示。

通常,图像展示的是垂直于岩心长轴的方向。两个连续图像的间隔取决于被测的物体和工具的分辨率。CT 扫描图像的灰度值与岩石的密度相关。低密度的孔隙部分被识别为黑色,而基质和异化颗粒为灰—白色。通过视觉观察可以从图像上推理出岩石的某些特征。孔隙度(图2.11a~f)、沉积结构如交错层理(图2.11e~f)、块状构造(图2.11g)、相变(图2.11h)或

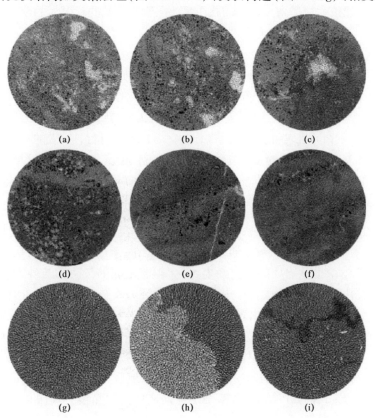

图2.11　伊朗南部三叠纪 Kangan 组岩心扫描图像

缝合线(图2.11i)是其中的一些例子。不同的方法和程序被用在地球科学的图像分析中,如图像工具(IT)、图像处理和微视觉处理可以提取和分析图像特征以及孔隙的几何形态。

图像的非均质性可以通过各种方法来评价,如点计数法、图像分割法和颜色设置。其中的一些方法可以提取或计算图像特征。这些特征可用来分析样品的非均质性。例如,每一孔隙类型的比例可以通过点计数法计算。其他的则基于像素的灰度强度来分类。随后,根据每张图片的主要类别对图像进行分类。

除此之外,机器视觉技术可用于图像处理和特征分析。近些年中,智能系统如神经网络、尤其是深度学习被频繁地应用在该技术中。该方法也用于岩心扫描图像分类(Sun等,2017)。举例来说,将图像分为孔隙度(多孔的样品)和基质两个类别(图2.11g~i)。

2.4 孔渗关系

孔隙度与渗透率相关性分析是石油工业最重要的目标之一。实际上,一个好的孔隙度与渗透率相关性意味着一个更均质的单元并且可以让研究者通过其中一个参数预测另一个参数。这些单元可以在储层的三维空间中对比,并且可以估算油气的原地量和产量。碳酸盐岩的孔隙度和渗透率的关系仍然是个未解的难题。与孔隙类型较单一的砂岩油藏不同,碳酸盐岩的孔隙类型和连通性是非常复杂的,并且易受成岩作用的影响。非连通孔隙的样品渗透率较低。例如,铸模孔极大地提高了样品的孔隙度,但对渗透率没有很大的改善作用。相反,白云石化作用均提高了孔隙度和渗透率,但其对渗透率的改善更大。许多研究者提出了基于孔隙度和渗透率关系的孔隙体系分类方法(Lucia,1995)。从这个角度讲,孔隙被分为连通孔和非连通孔。粒间孔和晶间孔是最常见的连通孔类型,而铸模孔和瓦格孔(Vuggy)主要为非连通孔。无效孔可能与某些晚期成岩作用有关,如白云石化作用。

孔隙度和渗透率之间的相关性识别是判断某一岩石类型均质程度的有效方法。较高的决定系数(R^2)表明相关性较好,并且表明以岩石属性作为区分标准是可行且有效的。尽管碳酸盐岩体系中还没有已知的孔隙度和渗透率的方程关系,但已有学者正在该方向探索中(Ehrenberg和Nadeau,2005)。因此,孔渗关系的R^2可以根据任何方程来计算,值越高意味着得到的方程越合理。

2.4.1 石灰岩

石灰岩中的孔隙度和渗透率关系取决于许多参数。沉积相、岩石结构和成岩作用是决定孔隙度和渗透率的拟合优度的参数。通常,颗粒灰岩相由于含较多的粒间孔而具有高孔高渗的特征,这种孔隙体系也是均质的。实际上,异化颗粒之间的粒间孔与砂岩的孔隙体系很相似。沉积后,这类孔隙受海洋的成岩作用影响。等厚环边胶结物建立了一个刚性结构,将异化颗粒包裹起来,由于这种胶结物仅出现在颗粒周围,因而对孔隙度和渗透率没有很大的影响。泥晶化作用是静水环境如潟湖中常见的成岩作用,指碳酸盐颗粒在微生物活动的影响下转变为泥晶的过程。泥晶化作用增加了样品的微晶和微孔的总量,样品表现出高孔低渗的特征。波斯湾地区阿尔必阶—阿普第阶Dariyan组(在阿拉伯地区为Shuaiha组)就是一个很好的例子,其岩石学研究发现(Naderi – Khujin等,2016)该地层的样品没有肉眼可见的孔隙,但测井曲线数据和岩心分析表明样品的孔隙度可达15%。微孔形成于大气淡水成岩环境中部分微晶颗粒的溶解(Tavakoli和Jamalian,2018)。当微孔是孔隙系统中主要的孔隙类型时,这些样品的孔隙度和渗透率表现出较好的相关性,也提高了岩石的均质程度。泥质的样品(泥灰岩和粒泥灰岩)具有较低的原生孔隙度和渗透率,微晶颗粒充填了孔隙空间。这些样品通常具有较高的微孔隙,如前文所述。最近,Hashim 和 Kaczmarek(2019)对石灰岩微孔隙的成因及分布进行了研究并提供了见解。

在海水成岩作用过程后,岩石通常遭受大气淡水的影响。大气淡水可以溶解不稳定的异化颗粒如文石质鲕粒并对孔隙度有很大影响。这类成岩作用增加了彼此不连通的孤立铸模孔,因此,该作用提高了岩石的孔隙度但渗透率几乎没有改善。当粒间孔、晶间孔或裂缝连通了铸模孔后,岩石的渗透率随孔隙度的增加而增加。这些孔隙增加了岩石的非均质性并提高了孔隙度和渗透率的相关性。相反,孤立的铸模孔或溶孔也可能与其他不连通的孔隙相伴生如微孔隙,这种情况下虽然孔隙度较高但渗透率变化不大。这种情况出现在 Dariyan 组和 Shuaiba 组中,大型的铸模孔由早成岩阶段的溶解作用形成,微晶颗粒也被大气淡水溶蚀,孔隙度和岩石的非均质性都显著提高。晚成岩阶段,大孔隙被亮晶方解石充填,但微孔隙没有被充填(Ehrenberg 和 Walderhaug,2015),该作用不仅降低了孔隙度也降低了储层的非均质性。较高的孔隙度和渗透率其 R^2 也清楚地表明地层是较为均质的。

通过以上讨论可以得出孔隙度和渗透率的相关性受许多参数和各种作用的影响,因此二者的相关性通常不是很好。如前所述,现今没有已知的确定的孔隙度和渗透率的关系。图2.12展示了5个伊朗储层包括 Dalan 组(晚二叠世)、Kangan 组(早—中三叠世)、Dariyan 组(阿尔必阶—阿普第阶)、Sarvak 组(阿尔必阶—土轮阶)和 Ilam 组(桑托阶—坎帕阶)的石灰岩孔隙度和渗透率数据。以微孔为主要孔隙类型的 Dariyan 组孔渗关系最好。Sarvak 组和 Ilam 组含微孔隙、粒间孔和铸模孔。Kangan 组和 Dalan 组的孔渗关系最差。在这些地层中包含各种各样的孔隙类型如微孔、铸模孔、粒间孔和粒内孔、窗格孔和晶间孔(Abdolmaleki 等,2016)。

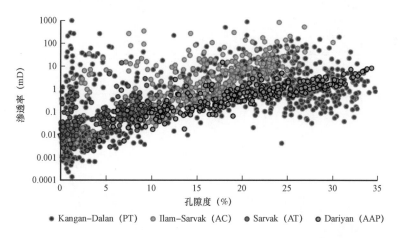

图2.12　伊朗不同石灰岩地层中的孔隙度和渗透率数据。P:二叠纪,T:三叠纪,A:阿尔必阶,C:坎帕阶,T:土轮阶,AP:阿普第阶。详述见文字部分

2.4.2　白云岩

白云岩和白云石化作用对孔隙度和渗透率的关系及储层的非均质性有不同的影响,这些多数已在前述中讨论过(2.2.2 节)。许多研究者认为白云石化作用不仅提高了孔隙度还提高了渗

透率。广泛的白云石化作用创造了彼此连通的晶间孔,因此,岩石的渗透率也得到了提高(Adam等,2018)。Ehrenberg 和 Nadeau(2005)对孔隙度和渗透率在碳酸盐岩中分布进行了研究,通过对不同地质时期、不同地理位置和埋深的 5 个碳酸盐岩台地的分析认为,晶间孔相关的渗透率随埋深的增加而降低。因此,白云石在浅埋藏环境中的渗透率较高而深埋储层的趋势不明显。他们也发现不论是石灰岩还是白云岩储层中,孔隙度和渗透率没有明显的相关性(图 2.13)。

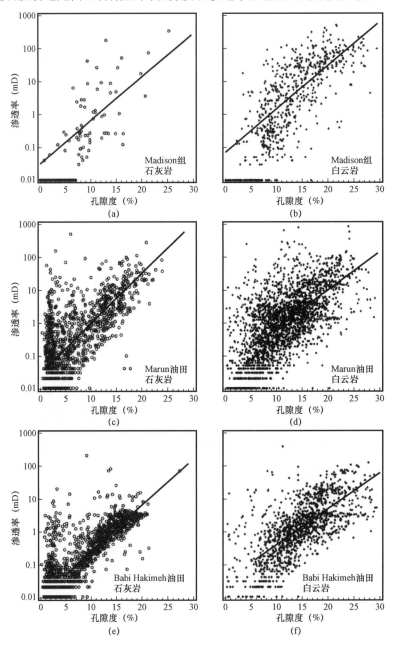

图 2.13　来自 3 个石灰岩和白云岩储层中的孔隙度和渗透率关系图。样品取自 Big Horn 和 Wind 河盆地的
Wyoming 组和 Montana 组(a,b),Marun(c,d)和 Bibi Hakimeh(e,f)油田的 Madison 组露头和岩心
(Ehrenberg 和 Nadeau,2005)

　　比较伊朗二叠纪—三叠纪石灰岩埋深2500～3500m的3口井(图2.14)中4类岩石类型包括石灰岩(>90%的方解石或文石)、白云质灰岩(>50%的方解石或文石,10%的白云石)、白云岩(>90%的白云石)和灰质白云岩(>50%的白云石,10%的方解石或文石),发现即便在埋深较深的储层中,渗透率随孔隙度的增加而增大。由图2.14可以发现,石灰岩(图2.14a)高孔隙度的样品中既有低渗透率的也有高渗透率的(孔隙度>20%)。高孔低渗的样品数量在白云质灰岩中降低(图2.14b)。高于20%孔隙度的白云岩样品中的渗透率最低,约10mD(图2.14c)。该比例在灰质白云岩中也降低(图2.14d)。以上表明白云石化作用提高了白云化储层的孔隙度和渗透率。白云石样品的非均质性随孔隙度和渗透率的提高而降低(图2.14c)。

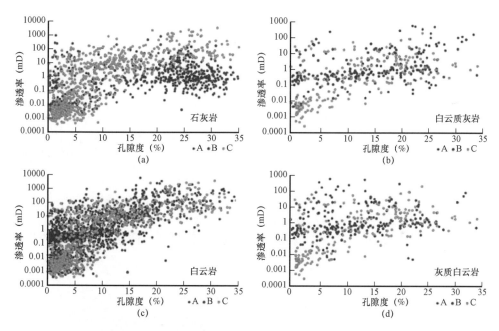

图2.14　波斯湾中部伊朗3口井的4类岩相的孔隙度和渗透率数据对比

2.5　喉道尺寸

　　孔喉的尺寸分布(PTSD)是决定岩石渗透率和流体流动的重要参数。孔喉的大小一般由压汞毛细管压力(MICP)曲线来获得。汞为非湿润相被注入到饱和湿润相(通常是水或空气)的岩样中,压力随之升高,岩样逐步被汞饱和。孔喉尺寸(PTS)通过压力与汞饱和度交会图计算。孔喉的尺寸分布也可由其他方法测定,如核磁共振(NMR)(Hosseini等,2018)或图像分析(Ferm等,1993)。

　　基础研究表明(Kolodizie,1980;Pittman,1992)孔隙度、渗透率和孔喉尺寸与35%的汞饱和度有很强的相关性:

$$\lg R_{35} = 0.732 + 0.588 \lg K - 0.864 \lg \phi \tag{2.1}$$

式中　R_{35}——汞饱和度为35%时的孔喉半径,μm;

　　　　K——渗透率,mD;

　　ϕ——粒间孔隙度。

　　相关系数为特定值，可通过 MICP 测试和孔隙度与渗透率测量值经多元回归分析来确定，不同储层的相关系数需要重新计算。

　　岩石可以通过孔喉尺寸来分类。分类的等级可基于孔喉尺寸的频率分布突变来定义。常用的孔喉尺寸分类为 Winland 定义的 $0.2\mu m$、$0.5\mu m$、$1\mu m$、$2\mu m$、$5\mu m$、$15\mu m$ 和 $60\mu m$ 分类法。一般认为汞饱和度为 35% 时，孔隙度、渗透率和孔喉尺寸有较好的相关性，也有其他汞饱和度值与孔渗和孔喉尺寸相关性的研究（Pittman，1992；Rezaee 等，2006）。这种分类方法被广泛应用在各个领域并且带来的效果也很好（Cranganu 等，2009；Riazi，2018；Nazemi 等，2018，2019）。由于同一类型的孔喉尺寸相同，因而位于同一类型的岩石也较为均一，也可以依据 R_{35} 分为巨孔喉、大孔喉、中孔喉和微孔喉（Martin 等，1997）。R_{35} 值大于 $10\mu m$ 对应巨孔喉，R_{35} 值为 $2\sim10\mu m$ 对应大孔喉，R_{35} 值为 $0.5\sim2\mu m$ 对应中孔喉，R_{35} 值小于 $0.5\mu m$ 对应微孔喉。具有相同孔喉尺寸的岩样通常在研究层段分散分布，因此采用其他方法来粗化（见 3.2 节和 3.4 节）。

　　在含铸模孔的石灰岩中，由于铸模孔的存在，尤其在含不稳定文石异化颗粒的粒灰岩中，样品通常具有小喉道大孔隙的特征。一些原生孔隙由于可以形成较大的孔喉也十分重要；微裂缝和张开的缝合线也可提供局部的流体流通通道。次生孔隙系统的孔喉分布曲线表明其分选较差（图 2.15a），但孔隙系统的连通性仍然由原生孔隙系统决定。孔隙类型在岩石中的分布和孔喉网络均可在岩石物理和扫描电镜背反射（图 2.15b）或二级图像（图 2.15c，d）可见。尽管孔隙度和渗透率很高，样品的非均质性仍然很强。含次生晶间孔隙系统的白云岩样品（图 2.16）有中等孔隙度和较高的渗透率。由于这些次生孔隙，尽管孔隙体积不大，但是连通的孔隙系统使渗透率变得较高。因此，从孔喉尺寸的角度来看样品相对均质（图 2.16a）。在更大尺度的碳酸盐岩—蒸发岩系统中，硬石膏胶结物是控制储层非均质性和储层质量的重要

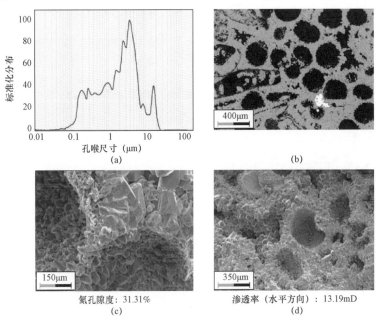

(a)
(b)

氦孔隙度：31.31%
(c)

渗透率（水平方向）：13.19mD
(d)

图 2.15　含较多铸模孔和少量残留原生粒间孔的石灰岩孔喉尺寸分布（a）。孔喉分布高度分散表明孔隙连通具有多种成因机理，较高的孔隙度可能由局部连通的铸模孔造成。孔隙类型和连通关系均可在背向散射图（b）和 SEM 二次图像上（c，d）可见

因素(图2.16b)。白云石化作用形成了彼此连通的晶间孔(图2.16b)。随着白云石化程度的增加,岩石越来越均质(图2.17)。

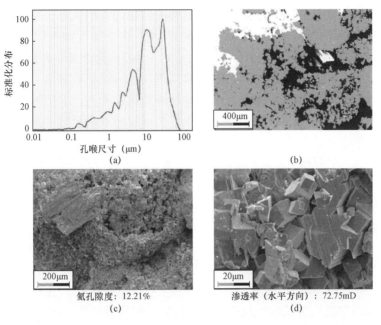

图2.16　含硬石膏团块的白云岩样品。孔隙网络由原生孔和次生孔组成,部分被硬石膏充填。
因此,孔喉尺寸曲线分布较宽(a)。b和c展示了不同大小的孔隙,微孔主要分布在
白云石晶体间(d),渗透率在微观尺度上与连通的孔喉有关

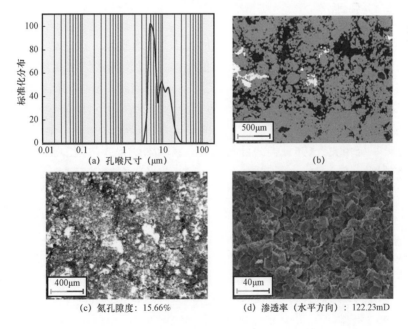

图2.17　含硬石膏团块的白云岩较窄的孔喉尺寸分布(a)。孔隙系统由晶间孔和微溶孔组成(b,c)。
孔隙度中值较低,但渗透率在胶结较弱的部分高。孔隙通过晶间孔连通(d)

2.6　沉积构造

沉积构造是沉积岩中颗粒的大小、组成和结构间特定的空间关系。它们通常从微观尺度到宏观尺度上均可见,并且可推断岩石沉积背景的物理、化学和生物条件。例如,在薄片中可观察到发育在鲕粒滩的交错层理在岩心尺度也可见。沉积构造改变了储层的各向异性和非均质性。碳酸盐岩中最常见的类型包括层理、交错层理、透镜体、植物根迹、生物扰动、波状层理和流水波痕、丘状交错层理、洼状交错层理、包卷层理和火焰构造。它们对非均质性的影响程度取决于它们的尺度和类型。例如,交错层理相组合可能与平行层理相组合有不同的储层潜力(Anastas 等,1998)。对水平层理和交错层理的流动模拟表明宏观尺度单元内的微观非均质性对多孔介质中流体的分布有很大影响。可以将多尺度的构造组合应用到流动模拟中。厚层交错层理就是一个很好的例子,Elfeki 等(2002)认为小尺度的非均质性造成了流体在更大尺度的单元内更慢和更分散分布的特征。这种特征是由小尺度的非均质性形成的曲折路径造成的。

探地雷达可用于中观尺度浅埋藏环境的沉积构造辨别和对比(Asprion 等,2009;Lahijani 等,2009;Naderi Beni 等,2013)。在储层研究中,通过沉积环境将这些构造关联起来。交错层理和波痕发育在鲕粒滩环境,蒸发盐假晶出现在潮上和潮间环境中,叠层石由板状或毫米级波状纹层组成(深/浅交错),沉积在潮间—潮上带环境。生物扰动在潮间、潟湖和盆地沉积物中发育。剥蚀面表明沉积环境的突变,并与不同能量等级相关。如其他微观非均质性一样,沉积构造也应在最终评价前粗化。

2.7　孔隙系统分类

大多数分类方法的目的是为了更好地分析储层的非均质性。这些分类(岩石类型、沉积相、成岩相等)用于样品的分类、概念模型和数值模拟、流动模拟和储层属性的井间分布预测。孔隙体系对储层最终的属性有很大的影响。实际上,孔隙控制了流体的储存和流动,并且碳酸盐岩储层中相同的孔隙系统表现出相同的流体行为。与砂岩相反,碳酸盐岩孔隙系统通常复杂多样,合适的分类方法是储层非均质性评价的最重要的步骤之一。一个理想的孔隙系统分类应当与相分类系统相关,这样分类的目的是为了在概念模型或数值模拟中基于相对孔隙类型的分布进行预测。相模拟代表了储层的几何形态,并且它们的分布是储层三维空间的表征,因此,当孔隙类型与特定相相关时也可预测其分布。

Archie 孔隙分类法(Archie,1952)是该领域较早的研究成果之一。Archie 认为一个孔隙分类系统应当遵从样品的绝对渗透率和相对渗透率、毛细管压力和电阻率,而不是孔隙成因类型。他曾尝试将他的分类系统一般化,以便于井场和油田石油地质学家使用。Archie 解释说,通过使用这些术语,地质学家对岩石样品的不同观点差异将缩小,因此不同学者间的数据可相互比较。该分类法也包括对岩石骨架结构的分类,但不是本书的重点。他的分类方法如下。

类型 A:主要的孔隙小于 0.01mm,显微镜下无法识别。

类型 B:孔隙肉眼可见,孔隙大小在 0.01～0.1mm 之间。

类型 C:可见的孔隙大于 0.1mm,小于岩屑的尺寸约 2mm。

类型 D:孔隙大于 2mm,包括瓦格孔和大型铸模孔。

他也设计了极好、好、中和差的孔隙度分类方法,分别代表 20%、15%、10% 和 5% 的孔隙度。某些样品可能归类到两类(例如当样品中某些孔肉眼可见而另外的孔为小孔时,可归为 Archie 分类的 B 类和 C 类)。尽管 Archie 的孔隙度分类方法现今仍有学者在使用,但随着可获得岩心样品数的增加、大量的薄片数据以及不断发展的新的分类方法,仅少部分学者还在使用。Archie 分类法的优势在于它应用较为便捷,无需借助其他工具,并且分类方法简洁,样品也易归类。通常,孔隙的大小能够反映成因,因此基于孔隙大小的分类方法也包含成因的解释。C 类和 D 类的大孔在成因上属于次生孔,而 B 类通常为原生粒间孔。晶间孔通常无法被肉眼观察到因而被归为 A 类。该分类法的缺点包括无法展示孔隙度和渗透率之间的相关性、无法清楚地提供孔隙系统的详细信息、不同孔隙间的相关性以及成因。

最著名的孔隙类型分类法由 Choquette 和 Pray(1970)提出,他们命名系统中的多种孔隙(图 2.18)不仅适用于学术研究也可应用在生产项目中。该分类法的核心是建立岩石结构和孔隙类型间的关系。孔隙被分为组构选择性的、非组构选择性的和介于二者之间的。组构选择性代表了孔隙、沉积固体颗粒和岩石的成岩组分间的关系。例如,位于形成于原生沉积背景的鲕粒颗粒之间的粒间孔是组构选择性孔隙的一种情况。充填在颗粒间的方解石或硬石膏胶结物,随胶结物包裹的鲕粒颗粒在大气淡水成岩环境中溶蚀后,形成的孔隙为铸模孔。由于这些孔隙的形状和大小与原生组分的形态一致,因而这类孔隙也属于组构选择性孔隙。相反,裂缝切穿所有的原生和成岩组分,因而为非组构选择性成因。介于非组构选择性与组构选择性之间的孔隙可能与原生组构一致,也可能与原生组构不一致。例如,生物潜穴或生物钻孔可能仅分布在基质中而不与颗粒接触,但岩石基质和颗粒均受钻孔生物体的影响,因而它们既属于组构选择性孔隙也属于非组构选择性孔隙。

尽管 Choquette 和 Pray 提出的命名法仍在碳酸盐岩储层孔隙类型分类中使用,但很难将这些术语与孔隙度和渗透率的相关性结合到一起,因而通过该分类法来研究储层非均质性比较困难。并且,该分类也不是成因分类,而成因分类是层序地层学概念下划分的储层单元最基本的原则。因此,用该分类法在确定碳酸盐岩储层非均质性方面应用有限。Lucia(1983,1995)基于孔隙连通性创立了新的分类方法。他将孔隙分为粒间孔(总的粒间孔和晶间孔)和瓦格孔,瓦格孔进一步分为分隔的和连通的两类(图 2.18)。Lucia 分类系统的核心是岩石物理特性,因而对碳酸盐岩储层非均质性的研究很有帮助。其分类的难点是在岩心样品中识别这些孔隙类型。这种孔隙识别和归类需要薄片的岩石物理学研究。这一过程会消耗大量的时间,并且在很多情况下无法切片观察。然而,Lucia 的分类法已被很多学者应用,并且某些例子中的应用效果较好(Ehrenberg,2019;Nazemi 等,2019;Watanabe 等,2019)。

LØnØy(2006)引入的孔隙度分类方法是表征孔隙度—渗透率关系最佳的方法之一。他定义了包括粒间孔、晶间孔、粒内孔、铸模孔、瓦格孔和泥岩微孔在内的 6 种孔隙类型。每一孔隙类型包含 3 种尺寸:微孔(10~50μm)、中孔(50~100μm)和大孔(>100μm)。每一孔隙大小可以是均匀分布或团块分布的。LØnØy 计算了每类孔隙类型的孔隙度和渗透率的 R^2 值,证实了该方法在研究储层非均质性方面和解决由非均质性评价带来的困难的可能性。但 LØnØy 分类法也存在同样的问题,确定孔隙类型、孔隙大小和分布需要切薄片和显微镜观察。因此,该方法在某些研究中应用有限(Mousavi 等,2013)。

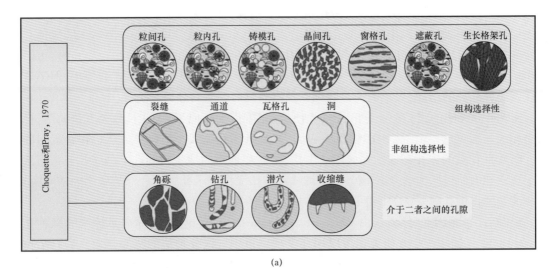

图 2.18　Choquette 和 Pray(1970)(a)及 Lucia(1983,1995)(b)的孔隙类型分类法

　　Ahr 和他的同事(Ahr 和 Hammel,1999;Ahr 等,2005)引入了碳酸盐岩孔隙的一般分类法(图 2.19)。在他们的分类体系中包括了沉积、成岩和裂缝在内的 3 种孔隙体系端元。Ahr 分类法在辨别碳酸盐岩孔隙成因及孔隙与岩石结构相结合方面非常有帮助。因此,该分类法可辅助研究孔隙类型的空间分布,但无法解决岩石的孔隙度与渗透率关系的问题。因此,每一类型的流体特性是不同的。例如,粒内孔和粒间孔均为原生孔但流体特性完全不同。粒间孔通常彼此相连,因此渗透率随孔隙度的增加而升高,但粒内孔是孤立的,因而样品具有高孔低渗的特征。铸模孔和重结晶形成的晶间孔的流体行为也完全不同。含铸模孔的样品通常具有高孔低渗的特征,而晶间孔相比孔隙度更主要的是提高了渗透率的大小。

　　Kopaska - Merkel 和 Mann(1991)在研究亚拉巴马州 Smackover 组中也使用了三端元孔隙分类法。该分类法的三个端元为铸模孔、粒间孔和晶间孔。铸模孔也包括颗粒部分溶解形成的次生粒内孔、颗粒内白云石之间的晶间孔和铸模孔被胶结物充填所剩余的孔隙空间。这些孔隙彼此不连通,因此 Kopaska－Merkel 和 Mann 将它们均归为同一孔隙类型。填充孔隙的胶结物可以为方解石、硬石膏以及微晶。粒间孔和晶间孔均具有较好的孔隙连通网络,但晶间孔通常更小。

　　Kopaska－Merkel 和 Mann 的分类法结合了孔隙和孔隙度—渗透率关系的成因关系。粒间孔和晶间孔在样品内形成了一个孔隙网络,而铸模孔在很多例子中都是不连通的。它们的孔隙体积和大小也是不同的,粒间孔一般比晶间孔大。该方法的主要问题是其分类的孔隙类型是不全面的,他们创立的三端元分类法仅涉及 Smack-over 组中出现的孔隙类型。

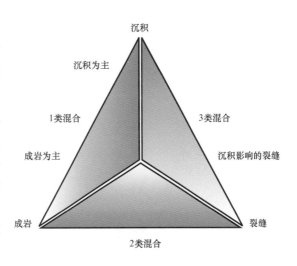

图 2.19　Ahr 碳酸盐岩孔隙分类法

　　Tavakoli 和他的同事(Tavakoli 等,2011)引入了新的孔隙三端元分类法(图 2.20),并成功地将该方法应用到波斯湾南帕尔斯气田二叠纪—三叠纪地层中,该气田是世界上最大的非伴生气气田。他们定义的三端元包括沉积、组构选择性孔隙和非组构选择性孔隙。后两者属于成岩成因。沉积孔隙包括粒间孔、窗格孔和粒内孔。组构选择性孔隙包括铸模孔和组构保留的白云石晶间孔。这些孔隙类型彼此间不连通。实际上,这些孔隙等同于 Kopaska－Merkel 和 Mann 分类法中的粒内孔。原生粒间孔和窗格孔在碳酸盐岩储层中并不常见,因此这类孔隙对碳酸盐岩储层非均质性的影响不大。第三个端元为非组构选择性孔隙,包括晶间孔、裂缝和瓦格孔。该类中的晶间孔由破坏组构的白云石化作用形成,并形成了较好的孔隙连通性,提高了孔隙度和孔渗的相关性。该分类法与岩石的原生组构有关,因而可用来研究样品的非均质性以及预测孔隙类型在储层中的空间分布。Tavakoli 分类法已成功地应用于含各种孔隙的碳酸盐岩地层中(Bahrami 等,2017;Nazemi 等,2018)。

　　任何基于岩心分析得到的储层参数应当与测井曲线相关联。Anselmetti 和 Eberli(1999)尝试通过速度偏差曲线(VDL)来确定孔隙类型。VDL 曲线是基于声波曲线上获得的不同的声波速度和由中子、密度或用 Wyllie 方程得到的中子与密度组合计算得到的合成速度之差(Wyllie 等,1956):

$$VDL = 声波速度 - 由中子孔隙度或密度曲线计算的速度 \qquad (2.2)$$

　　VDL 有 3 种偏差,包括零偏差、正偏差和负偏差。在零偏差(±500m/s)中,真实速度和合成速度几乎相同。因此,样品中没有大量的孔隙或者孔隙彼此间连通(粒间孔或晶间孔)。Wyllie 方程表明这些孔隙是岩石骨架的一部分,因此声波既穿过了骨架也穿过了孔隙。该类岩石具有较高的渗透率以及较好的孔隙连通性。具有较高正偏差的样品含嵌入刚性岩石骨架的不连通的孔隙,如铸模孔或粒内孔。正偏差表明与中子或密度速度相比具有较高的声波曲线速度。这意味着尽管孔隙度很高,但声波穿过孤立的孔隙并获得了较高的速度。这种偏差表明岩石具有大量的溶蚀孔和溶解物质沉淀形成的孔隙充填物。此类偏差渗透率较低。VDL

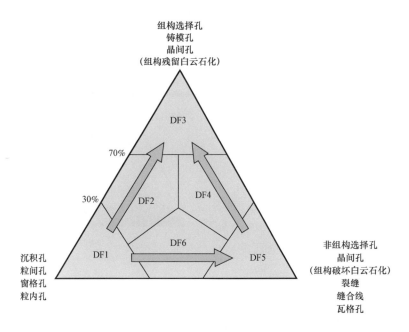

图 2.20　Tavakoli 碳酸盐岩孔隙度分类体系

在各类碳酸盐岩地层中均做过测试,并在某些例子中获得了较好的应用效果(Tavakoli 等,2011;Nazemi 等,2018)。

2.8　岩石类型

岩石类型(RT)是储层中具有相同岩石物理特性的样品组合。在一个岩石类型中,研究者们重点关注的是与流体相关的特征(Bear,1972;Tiab 和 Donaldson,2015;Tavakoli,2018)。与储层的其他分类方法一样,定义岩石分类也是为了解决储层非均质性带来的挑战。实际上,所有其他的方法如成岩相、岩石组构类型和电测曲线相(见 2.9 节)都是尝试从不同的角度来定义一个合适的岩石类型。有许多方法被用来定义一个储层的合适的岩石分类,这些方法已被前人使用、解释和分类(Tiab 和 Donaldson,2015;Tavakoli,2018)。流动单元(FU)是更大尺度上的相似概念。实际上,尽管岩石类型可以应用到所有的岩石样品中,流动单元将这些微观尺度的特征组合起来,形成储层内更大尺度的可对比的单元。表 2.1 展示了岩石类型和流动单元的一般分类方法、必要的数据和简短的介绍。岩石分类、流动单元和电测曲线相使用的数据类型多样,但这些数据可以通过合理的方式相互关联起来(图 2.21)。

表 2.1　碳酸盐岩储层中各种岩石类型和流动单元的定义方法

名称	使用的数据	方法
地质岩石类型(GRT)	来自薄片和岩性描述的相和成岩数据	具有相同地质和岩石物理属性的样品组合
Winland R_{35} 法	压汞毛细管压力测试的汞饱和度为 35%时的孔隙度、渗透率和孔喉大小	基于相同有效孔喉大小的样品分类法

续表

名称	使用的数据	方法
Lucia 岩石组构数	粒间孔隙度和渗透率	具有相同岩石物理分类和相似颗粒大小的样品组合
储层质量指数(RQI)和流动单元指数(FZI)	孔隙度和渗透率	具有相同渗透率与孔隙度的样品组合
洛伦兹图	孔隙度和渗透率	基于测井曲线计算的速度值偏差

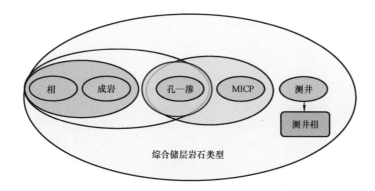

图 2.21　结合各种方法来获得碳酸盐岩储层中的储层岩石类型(Tavakoli,2018)

2.9　电测曲线相

电测曲线相是用来表征具有相同岩石物理属性(常规测井曲线)的测井曲线组合(Serra,1986;Gill 等,1993;Ye 和 Rabiller,2000,2005;Lee 等,2002;Davis,2018;Tavakoli,2018)。定义电测曲线相的方法已有很多,但最常见的是聚类分析。计算每对数据之间的距离,然后将距离最小的数据对组合成一个类。随后计算类之间的距离,并形成更大的类。重复这个过程直到所有的数据归为一个类。当类之前的距离达到设定值时,将获得一定数量的类。

应将所有微观尺度的数据整合到一起来建立一个特定的单元以克服储层非均质性带来的挑战。因此,地质岩石分类法应与岩石物理分类法相结合。然后,将电测曲线相与之前获得的结果相结合形成最终的均质单元(图 2.21)。

2.10　微观尺度上的不确定性

储层样品的微观尺度研究始于扫描电镜分析和薄片的岩石物性观察,随后进行相和成岩分析,确定孔喉尺寸分布,参考 CT 扫描数据,并最终得到储层岩石类型。以上所有分析用于油田尺度的储层物性空间分布研究。这些样品只是储层的极小一部分,因此,当其应用在储层特征研究中应当谨慎使用。薄片的岩石学研究需要经验丰富的地质学家来完成。这一过程中将会收集到大量的数据,在识别参数或将数据转换到标准表时如果出现1%的错误都将导致解释结果的错误。

识别沉积相和成岩相是一个定性和复杂的过程,因此结果取决于地质学家的经验和想法。

定义成岩相有很多的方法,前已论述。CT 扫描图像是在不同分辨率和间距下拍摄的,这些参数对最终的解释和计算有很大的影响。异化颗粒和孔隙的大小可能会大于或小于 CT 扫描分辨率和间距。组分的识别强烈依赖于它们的密度和所表现出的灰度(0～255)。因此,提取岩石组分并不简单。孔隙系统对储层的非均质性和预测其他储层参数在三维空间的分布时影响很大。储层孔隙类型的分类方法有很多,每一种都有它独特的角度。基于研究储层的属性来选择合适的分类方法很重要。用来确定电测曲线相的测井曲线有很多,曲线的选择取决于数据相关性和研究目的,在每个例子中可能是不同的。组合所有的微观单元的方法也是一个复杂的过程。将地质数据和岩石物理数据通过合适的方法组合到一起用于岩石分类是储层评价中最具挑战的工作,尤其是碳酸盐岩。这一挑战可通过使用尽可能多的定量数据和结合所有的准则或定律来解决。

<h1 style="text-align:center">参 考 文 献</h1>

Abdolmaleki J, Tavakoli V, Asadi – Eskandar A (2016) Sedimentological and diagenetic controls on reservoir properties in the Permian – Triassic successions of Western Persian Gulf, Southern Iran. J Pet Sci Eng 141:90 – 113

Adam A, Swennen R, Abdulghani W, Abdlmutalib A, Hariri M, Abdulraheem A (2018) Reservoir heterogeneity and quality of Khuff carbonates in outcrops of central Saudi Arabia. Mar Pet Geol 89:721 – 751

Ahr WM, Hammel B (1999) Identification and mapping of flow units in carbonate reservoirs: an example from Happy Spraberry (Permian) Field, Garza County, Texas USA. Energy Explor Exploit 17:311 – 334

AhrWM, Allen D, Boyd A, Bachman HN, Smithson T, Clerke EA, Gzara KBM, Hassall JK, Murty CRK, Zubari H, Ramamoorthy R (2005) Confronting the carbonate conundrum. Schlumberger Oil field Rev 1:18 – 29

Anastas AS, James NP, Nelson CS, Dalrymple RW (1998) Deposition and textural evolution of cool – water limestones: outcrop analog for reservoir potential in cross – bedded calcitic reservoirs. AAPG Bull 82:160 – 180

Anselmetti FS, Eberli GP (1999) The velocity – deviation log: a tool to predict pore type and permeability trends in carbonate drill holes from sonic and porosity or density logs. AAPG Bull 83:450 – 466

Archie GE (1952) Classification of carbonate reservoir rocks and petrophysical considerations. AAPG Bull 36(2): 278 – 298

Asprion U, Westphal H, Nieman M, Pomar L (2009) Extrapolation of depositional geometries of the Menorcan Miocene carbonate ramp with ground – penetrating radar. Facies 55:37 – 46

Bahrami F, Moussavi – Harami R, Khanehbad M, Gharaie MM, Sadeghi R (2017)

Identification of pore types and pore facies for evaluating the diagenetic performance on reservoir quality: a case study from the Asmari Formation in Ramin Oil Field, SW Iran. Geosci J 21:565 – 577

Bear J (1972) Dynamics of fluids in porous media. American Elsevier Publishing Co. , New York Bruna PO, Lavenu APC, Matonti C, Bertotti G (2019) Are stylolites fluid – flow efficient features? J Struct Geol 125:270 – 277

Carnell AJH, Wilson MEJ (2004) Dolomites in SE Asia – varied origins and implications for hydrocarbon exploration. Geol Soc Lond Spec Publ 235:255 – 300

Choquette PW, Pray LC (1970) Geologic nomenclature and classification of porosity in sedimentary carbonates. AAPG Bull 54(2):207 – 250

Cranganu C, Villa MA, Saramet M, Zakharova N (2009) Petrophysical characteristics of source and reservoir rocks in the Histria basin, western Black Sea. J Pet Geol 32:357 – 372

Cui Y,Wang G, Jones SJ, Zhou Z, Ran Y, Lai J, Li R, Deng L (2017) Prediction of diagenetic facies using well logs—a case study from the upper Triassic Yanchang Formation, Ordos Basin, China. Mar Pet Geol 81:50 – 65

Davis JC (2018) Electrofacies in reservoir characterization. In: Daya Sagar B, Cheng Q, Agterberg F (eds) Handbook of mathematical geosciences. Springer, Cham

Dawe RA, Caruana A, Grattoni CA (2011) Immiscible displacement in cross – bedded heterogeneous porous media. Transp Porous Med 87:335 – 353

Dunham RJ (1962) Classification of carbonate rocks according to depositional texture. In: Ham WE (ed) Classification of carbonate rocks. AAPG Memoir 1, Oklahoma

EhrenbergSN(2019) Petrophysical heterogeneity in a lower cretaceous limestone reservoir, onshore Abu Dhabi, United Arab Emirates. AAPG Bull 103:527 – 546

Ehrenberg SN, Nadeau PH (2005) Sandstone vs. carbonate petroleum reservoirs: a global perspective on porosity – depth and porosity – permeability relationships. AAPG Bull 89:435 – 445

Ehrenberg SN,WalderhaugO(2015) Preferential calcite cementation of macropores in microporous limestones. J Sediment Res 85:780 – 793

Elfeki AM, Dekking FM, Bruining J, Kraaikamp C (2002) Influence of fine – scale heterogeneity patterns on large – scale behavior of miscible transport in porous media. Pet Geosci 8:159 – 165

Embry AF, Klovan JE (1971) A Late Devonian reef tract on Northeastern Banks Island, NWT. Can Petro Geol Bull 19:730 – 781

Ferm JB, Ehrlich R, Crawford GA (1993) Petrographic image analysis and petrophysics: analysis of crystalline carbonates from the Permian basin, west Texas. Carbonates Evaporites 8:90 – 108

Flugel E (2010) Microfacies of carbonate rocks, analysis, interpretation and application. Springer, Berlin

Friedman GM (1965) Terminology of crystallization textures and fabrics in sedimentary rocks. J Sediment Pet 35:643 – 655

Gill D, Shomrony A, FligelmanH(1993) Numerical zonation of log suites and logfacies recognition by multivariate clustering. AAPG Bull 77:1781 – 1791

Gressly A (1838) Observations géologiques sur le Jura soleurois, vol 1. Imprimerie de Petitpierre(in French)

Hashim MS, Kaczmarek SE (2019) A review of the nature and origin of limestone microporosity. Mar Pet Geol 107: 527 – 554

Hosseini M, Tavakoli V, Nazemi M (2018) The effect of heterogeneity on NMR derived capillary pressure curves, case study of Dariyan tight carbonate reservoir in the central Persian Gulf. J Pet Sci Eng 171:1113 – 1122

Huang SJ, Huang KK, Lu J, Lan YF (2014) The relationship between dolomite textures and their formation temperature: a case study from the Permian – Triassic of the Sichuan Basin and the lower Paleozoic of the Tarim Basin. Pet Sci 11:39 – 51

Koehn D, Rood MP, Beaudoin N, Chung P, Bons PD, Gomez – Rivas E (2016) A new stylolite classification scheme to estimate compaction and local permeability variations. Sed Geol 346:60 – 71

Kolodizie SJ (1980) Analysis of pore throat size and use of theWaxman – Smits equation to determine OOIP in Spindle Field, Colorado. SPE paper 9382 presented at the 1980 SPE annual technical conference and exhibition, Dallas, Texas

Kopaska – Merkel DC,Mann SD (1991) Pore facies of Smackover carbonate reservoirs in southwest Alabama. Gulf Coast Ass Geol Soc Trans 41:374 – 382

Lahijani HAK, Rahimpour – Bonab H, Tavakoli V, Hosseindoost M (2009) Evidence for late Holocene highstands in Central Guilan – East Mazanderan, South Caspian coast, Iran. Quatern Int 197:55 – 71

Lai J, Fan X, Pang X, Zhang X, Xiao C, Zhao X, Han C, Wang G, Qin Z (2019) Correlating diagenetic facies with well logs (conventional and image) in sandstones: the Eocene – Oligocene Suweiyi Formation in Dina 2 Gasfield, Kuqa depression of China. J Pet Sci Eng 174:617 – 636

Lee SH, Kharghoria A, Datta – Gupta A (2002) Electrofacies characterization and permeability predictions in complex reservoirs. SPE Reserv Eval Eng 5:237 – 248

LØnØy A (2006) Making sense of carbonate pore systems. AAPG Bull 90:1381 – 1405

Lucia FJ (1983) Petrophysical parameters estimated from visual description of carbonate rocks: a field classification of carbonate pore space. J Pet Tech 35:626 – 637

Lucia FJ (1995) Rock fabric/petrophysical classification of carbonate pore space for reservoir characterization. AAPG Bull 79:1275 – 1300

Lucia FJ, Major RP (1994) Porosity evolution through hypersaline reflux dolomitization. In: Purser B, Tucker M, Zenger D (eds) Dolomites: International Association of Sedimentologists Special Publications 21345 – 360

Machel HG (2004) Concepts and models of dolomitization—a critical reappraisal. In: Braithwaite C, Rizzi G, Darke G (eds) The geometry and petrogenesis of dolomite hydrocarbon reservoirs. Geological Society, London, Special Publications 235:7 – 63

Martin AJ, Solomon ST, Hartmann DJ (1997) Characterization of petrophysical flow units in carbonate reservoirs. AAPG Bull 81:734 – 759

Mehrabi H, MansouriM, Rahimpour – Bonab H, Tavakoli V, HassanzadehM(2016) Chemical compaction features as potential barriers in the Permian – Triassic reservoirs of South Pars Field, Southern Iran. J Pet Sci Eng 145:95 – 113

MousaviM, ProdanovicM, JacobiD(2013) Newclassification of carbonate rocks for process – based pore – scale modeling. SPE J 18:243 – 263

Nader FH (2017) Multi – scale quantitative diagenesis and impacts on heterogeneity of carbonate reservoir rocks. Springer, Cham, Switzerland

Naderi Beni A, Lahijani H, Moussavi Harami R, Leroy SAG, Shah – HosseiniM, Kabiri K, Tavakoli V (2013) Development of spit – lagoon complexes in response to Little Ice Age rapid sea – level changes in the central Guilan coast, South Caspian Sea, Iran. Geomorphology 187:11 – 26

Naderi – Khujin M, Seyrafian A, Vaziri – Moghaddam H, Tavakoli V (2016) Characterization of the Late Aptian top – Dariyan disconformity surface, offshore SWIran: a multi – proxy approach. J Pet Geol 39:269 – 286

Nazemi M, Tavakoli V, Rahimpour – Bonab H, Hosseini M, Sharifi – Yazdi M (2018) The effect of carbonate reservoir heterogeneity on Archie's exponents (a and m), an example from Kangan and Dalan gas formations in the central Persian Gulf. J Nat Gas Sci Eng 59:297 – 308

Nazemi M, Tavakoli V, Sharifi – Yazdi M, Rahimpour – Bonab H, Hosseini M (2019) The impact of micro – to macro – scale geological attributes on Archie's exponents, an example from Permian – Triassic carbonate reservoirs of the central Persian Gulf. Mar Pet Geol 102:775 – 785

Pittman ED (1992) Relationship of porosity and permeability to various parameters derived from mercury injection – capillary pressure curves for sandstone. AAPG Bull 72:191 – 198

Purser BH, Brown A, Aissaoui DM (1994) Nature, origins and evolution of porosity in dolomite. In: Purser B, TuckerM, Zenger D (eds) Dolomites. International Association of Sedimentologists Special Publications 21:283 – 308

Rezaee MR, Jafari A, Kazemzadeh E (2006) Relationship between permeability, porosity and pore throat size in carbonate rocks using regression analysis and neural networks. J Geophys Eng 3:370 – 376

Riazi Z (2018) Application of integrated rock typing and flow units identification methods for an Iranian carbonate reservoir. J Pet Sci Eng 160:483 – 497

Sagan JA, Hart BS (2006) Three – dimensional seismic – based definition of fault – related porosity development: Trenton – Black River interval, Saybrook, Ohio. AAPG Bull 90:1763 – 1785

Saller AH (2004) Palaeozoic dolomite reservoirs in the Permian Basin, SW USA: stratigraphic distribution, porosity, permeability and production. Geol Soc Lond Spec Publ 235:309 – 323

Saller AH, Henderson N (1998) Distribution of porosity and permeability in platform dolomites: insight from the Permian of west Texas. AAPG Bull 82:1528 – 1550

Saller AH, Henderson N (2001) Distribution of porosity and permeability in platform dolomites: insight from the Permian of west Texas: reply. AAPG Bull 85:530 – 532

Serra O (1986) Fundamentals of well log interpretation, vol 2. The interpretation of logging data. Elsevier, Amsterdam

Sibley DF, Gregg JM (1987) Classification of dolomite rock textures. J Sed Pet 57:967 – 975

Sun H, Vega S, Tao G (2017) Analysis of heterogeneity and permeability anisotropy in carbonate rock samples using digital rock physics. J Pet Sci Eng 156:419 – 429

Tavakoli V (2018) Geological core analysis: application to reservoir characterization. Springer, Cham, Switzerland

Tavakoli V, Jamalian A (2018) Microporosity evolution in Iranian reservoirs, Dalan and Dariyan formations, the central Persian Gulf. J Nat Gas Sci Eng 52:155 – 165

Tavakoli V, Naderi – Khujin M, Seyedmehdi Z (2018) The end – permian regression in the western tethys: sedimentological and geochemical evidence from offshore the PersianGulf, Iran. Geo – Mar Lett 38(2):179 – 192

Tavakoli V, Jamalian A (2019) Porosity evolution in dolomitized Permian – Triassic strata of the Persian Gulf, insights into the porosity origin of dolomite reservoirs. J Pet Sci Eng 181:106191

Tavakoli V, Rahimpour – Bonab H, Esrafili – Dizaji B (2011) Diagenetic controlled reservoir quality of South Pars gas field, an integrated approach. C R Geosci 343:55 – 71

Tiab D, Donaldson EC (2015) Petrophysics, theory and practice of measuring reservoir rock and fluid transport properties. Gulf Professional Publishing, Houston

Tucker M, Wright VP (1990) Carbonate sedimentology. Blackwell Scientific Publications, Oxford Wang J, Cao Y, Liu K, Liu J, Kashif M (2017) Identification of sedimentary – diagenetic facies and reservoir porosity and permeability prediction: an example from the Eocene beach – bar sandstone in the Dongying Depression, China. Mar Pet Geol 82:69 – 84

Warren J (2000) Dolomite: occurrence, evolution and economically important associations. Earth Sci Rev 52:1 – 81

Watanabe N, Kusanagi H, Shimazu T, Yagi M (2019) Local non – vuggy modeling and relations among porosity, permeability and preferential flow for vuggy carbonates. Eng Geol 248:197 – 206

Wyllie MR, Gregory AR, Gardner GHF (1956) Elastic wave velocities in heterogeneous and porous media. Geophysics 21:41 – 70

Ye S, Rabiller P (2000) A new tool for electro – facies analysis: multi – resolution graph – based clustering. In: SPWLA 41st annual logging symposium, Dallas, Texas, pp 14 – 27

Ye S, Rabiller P (2005) Automated electrofacies ordering. Petrophysics 46:409 – 423

Zou C, Tao S, Zhou H, Zhang X, He D, Zhou C, Wang L, Wang X, Li F, Luo P, Yuan X (2008) Genesis, classification, and evaluation method of diagenetic facies. Pet Explor Dev 35:526 – 540

第3章　中观非均质性

　　基于精细尺度数据所定义的诸多微观均质单元进一步组合成更大级别的单元。不同的相组合在一起形成相组合和相带。相组合通过相模式在井间进行插值。相模式是通过对比全球不同地区各类沉积环境而建立的。这些相模式作为类比，进一步观察地质属性时空分布的标准，同时帮助理解沉积环境的主要物理、化学和生物特征。虽然相、相组合和相带揭示了储层的地质非均质性，但是从岩石物理角度来看，流动单元将储层细分为不同的均质单元。定义这些单元的方法有很多，并且现在仍在发展。综合了相模式和储层物性的岩石物理特征通常被离散进粗化网格以用于油藏数值模拟。相和物性的旋回性指示了沉积环境的周期性变化，反之，可用沉积环境的周期性变化分析地层的非均质性。在大多数情况中，多数旋回性由层序来定义。储层的地质特征（沉积相和成岩作用）和岩石物理特征在层序框架下是相对应的。同一层序地层边界内的岩石具有成因联系，因此它们具有相似的地质和岩石物理特征。在相似性方面，它们的成岩作用在大多数情况下也是相同的。因此，从不同尺度定义相、相组合、相模式、水动力流动单元和可识别的成因单元可以帮助克服碳酸盐岩储层非均质性表征的诸多挑战。

3.1　沉积环境

　　从沉积学的角度来讲，相是储集体内最主要的建造单元。同时，其他储层特征如成岩作用或岩石物理属性通常继承岩石的沉积相特征。因此，理解平面和垂向相展布对任何储层的评价都是至关重要的。沉积环境这一概念作为沉积物沉积的媒介已被地质学家使用多年。相、相序及其所导致的垂向叠置的空间关系最早由 Walker（1984）提出，他认为所观察到平面相邻的相和沉积环境在海进和海退旋回中是垂向叠置的，也就是说垂向上彼此相邻的相在平面上属于两个相邻的沉积环境。尽管应谨慎使用该定律，但它提供了重建沉积环境和相的空间分布的基础。值得注意的是，地层中的侵蚀界面和其他不连续面打乱了这种关系。相模式代表了不同相之间的关系以及基于沉积环境概念下的相的综合。相模式可通过相序、概念模型和一些图表来展示。相模式的概念通常解释为沉积环境，至少从沉积学的角度它可用于预测储层的空间属性展布。如前所述，许多其他属性继承了沉积相的分布特征。相模式的引入是油气地质科学中最重要的进步。

　　沉积模式有4个重要的应用（Walker，1984）。（1）可用于对比，即沉积模式应作为模板或标准。任何相序均可与标准相模式对比，并且遵循其几何形态、储层属性和岩石结构特征。碳酸盐岩缓坡模式就是一个很好的例子，在没有足够证据说明有大型广泛分布的障壁岛时，一系列潮缘带泥晶灰岩、潟湖泥粒灰岩和滩相零散分布的鲕粒灰岩的组合即指示了碳酸盐岩斜坡沉积环境，其他诸如坡度的陡然变化、滑动和滑塌构造的出现也可很好地指示碳酸盐岩斜坡环境。当识别出碳酸盐岩斜坡沉积环境后，可以用缓坡模板来预测属性的分布。其他例子包括潮缘环境的毯状几何形态展布的差物性的储层、以泥质为主的微孔潟湖沉积物和滩内大气淡水溶解的文石质鲕粒。(2)对进一步观察而言,相模式可起到框架的作用。一个明显的相模式具有主要和次要特征,这些特征同样可适用于不同的其他沉积环境。(3)相模式可预测储层中地质属性的分布。(4)可用来解释岩石的主要沉积物理、地球化学和生物条件。鉴于上述特征,相模式和其指示的沉积环境可用来认识和预测储层中观尺度的非均质性。

沉积环境的定义可用于建立概念模型和三维数字相模型。每一种沉积环境都有其独特的几何形态,因此沉积相的空间展布及与其相关的岩石物理属性的分布也可以被理解,最终结论是相模式可用来定量和定性研究储层的属性。

在定义一个相模式或重建沉积环境及预测储层属性时,一个关键点是碳酸盐岩是盆内原生沉淀而不是搬运来的。碳酸盐岩由生物产生,由于地质历史中生物发生变化,碳酸盐岩沉积相本身和与其相关的沉积环境也会在地质历史中发生转变,陆表海碳酸盐岩缓坡是其中一个例子。广阔的内陆海在海侵时期覆盖陆地表面,透光带分布非常广,因此,很大一片区域都是碳酸盐岩工厂。在这种浅海环境中,相带展布非常宽广。亚相长和宽的展布可达几百千米。二叠纪—三叠纪 Dalan 组,同期可对比也门、巴林岛、沙特阿拉伯和科威特的 Khuff 组、伊拉克的 Chia Zairi 组以及阿拉伯联合酋长国的 Bih 组和 Hagli 组均沉积于此类环境中,这一地层中发现了世界上最大的气田。

定义沉积相和确定相模式或沉积环境需要岩心地质分析。依照 Walter 相律,根据至少一口井的岩心地质分析可得到概念模型,但三维数值模型的建立需要油田不同位置的多口取心井进行地质分析。岩心在很多实例中无法获取或不能获取足够数量的岩心来建立模型。因此,用测井相来代替(2.9 节),测井相通常由井上较易获得的测井曲线来定义。遗憾的是,目前标准相模式无法应用于测井相中。实际上,定义一个由多个变量控制的岩石物理属性模型在很多情况下是不可行的。因此,属性的外推是基于数学公式完成的。这些公式忽略了地质非均质性,因此,在储层研究中不如相模式可靠。

确定沉积环境的第一步是相表征。将不同的相组合起来即为相组合。相组合由多个相似沉积属性的相组成(Tavakoli,2018)。多个相组合的集合组成相带。例如,球粒粒泥灰岩、生物碎屑球粒粒泥灰岩和球粒生物碎屑粒泥灰岩可以组合成球粒—生物碎屑粒泥灰岩相组合。该相组合与其他相组合如含化石泥灰岩和球粒—生物碎屑泥粒灰岩均属于潟湖相带。该相带是沉积环境的一部分。在这个例子中,潮缘和潟湖相带与滩和开阔海相带组合形成一个碳酸盐岩缓坡沉积背景。

碳酸盐岩沉积环境的类型有很多,但很少受油气聚集的影响。这些浅海沉积背景是碳酸盐岩生成的主要环境,这些浅海沉积包括陆架、缓坡、台地和环礁。缓坡可分为两种:远端变陡型缓坡和均匀倾斜缓坡(Read,1982)。均匀倾斜缓坡从浅海一直延伸到深海盆地而没有明显的坡折,其坡度通常较缓(一般小于1°)。远端变陡型缓坡以远端坡度突变为特征。陆架包括碳酸盐镶边型和非镶边型两种(Ginsburg 和 James,1974)。镶边型陆架顶部平坦,外部围绕着碳酸盐岩环边。该环边可由礁、滩或岛组成。非镶边型陆架没有有效吸收波浪能量的碳酸环边。因此,非镶边型陆架与缓坡类似,均有一个不完整的障壁。台地包括陆表海型、孤立型和淹没型。陆表海台地(Shaw,1964)以宽广的浅水环境为特征,并且现代沉积中没有可对比的例子。孤立型台地以陡峭的边缘分隔了浅水碳酸盐岩沉积环境和深水沉积环境。几乎所有的碳酸盐岩沉积背景可由于盆地沉降、海平面快速上升及环境压力的影响造成碳酸盐生产速率的改变而被海水淹没。海洋环礁由海床上升数百米的火山形成。顶部接近水面，周围由深水包围。

不同沉积环境的相类型是有限的，且随水深渐变。Flugel（2010）介绍了碳酸盐岩缓坡和镶边陆架的标准微相。利用 Walter 相律，基于相序的研究可重建沉积环境。这些沉积环境在地质历史时期内是互相变化的。快速的海平面上升将导致碳酸盐岩的淹没以及镶边陆架向缓坡环境的转变。相反，海平面的下降会导致碳酸盐岩的暴露，因而也会改变沉积环境。高陆源碎屑的输入会导致生物体的死亡并引起环境的变化。在地质历史时期中，板块运动改变着气候、盐度和海流。这些变化对生物有机体的繁殖有很大影响，其结果是改变了环境中不同位置碳酸盐的生产率。

3.2　水动力流动单元

定义碳酸盐岩流体流动和存储的均质单元是许多研究关注的重点。Bear（1972）定义的水动力流动单元（HFU）是指具有相同地质和岩石物理属性的地质体。Ebanks（1987）做了相同的定义，但他认为这种单元必须在储层规模可绘制。Hear 等（1984）认为该单元在侧向上应当是可连续的。Gunter 等（1997）给出了相同的定义。Tiab 和 Donaldson（2015）认为一个水动力流动单元是一个用来描述储层流动和储集性能的地质或工程单元。Tavakoli（2018）总结了以上所有的定义，认为岩石类型和流动单元是不同尺度的研究。实际上，岩石类型是岩心尺度的定义，而水动力流动单元是油藏尺度的定义。因此，水动力流动单元在井间可对比。

Amaefule 等（1993）提出了渗透率与有效孔隙度之比作为水动力流动单元的一个指标。他们定义的储层质量指数（RQI）[式（3.1）]以及流动带指数（FZI）[式（3.2）和式（3.3）]已应用在很多评价储层非均质性的研究中。

$$RQI = 0.0314 (K/\phi)^{0.5} \tag{3.1}$$

$$FZI = RQI/\phi_Z \tag{3.2}$$

$$\phi_Z = \phi/(1 - \phi) \tag{3.3}$$

式中，ϕ 为相对孔隙度，K 为渗透率，mD，ϕ_Z 为标准化的孔隙度。

如前所述，许多研究者在他们的研究中使用了 Amaefule 公式（Al – Dhafeeri 和 Nasr – El – Din，2007；Tavakoli 等，2011；Rahimpour – Bonab 等，2012；Arifianto 等，2018；Nabawy 等，2018；Riazi，2018；Liu 等，2019；Soleymanzadeh 等，2019）。其中一些研究者认为该方法可成功应用在碳酸盐岩储层中（图 3.1）。

Mirzaei – Paiaman 等（2015，2018，2019）将岩石类型分类法分为两类。一种是岩石物理静态岩石类型（PSRT），定义为具有相似原始驱替毛细管压力曲线的岩石组合。因此压汞法毛细管压力测试是确定该岩石类型的必要方法。另一类是岩石物理动态岩石类型（PDRT）（等同于水动力流动单元），即具有相似流体流动特征的岩石组合，这也是油藏工程角度的定义。为了识别高产层段，对岩石物理动态岩石类型的水动力流动单元的理解是必要的。他们认为这两类岩石类型划分结果不必完全一致。这与将所有相似地质的、岩石物理的和工程特征组合成一个单元不同。显然,定义该单元并不简单,并且由于岩石性质和数据范围的不一致使该过程复杂化,但最终的目标是定义一个综合静态和动态数值模拟的单元。

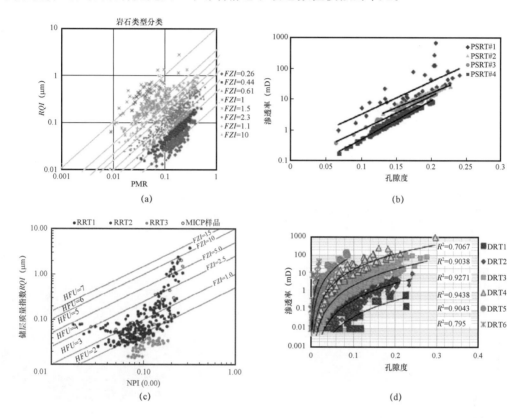

(a)　　　　　　　　(b)

(c)　　　　　　　　(d)

图3.1　全球不同碳酸盐岩地层 FZI 方法应用。(a)中东 Sarvak 组(森诺曼阶)标准化孔隙度与渗透率交会图;(b)伊拉克 Missan 油田 Mishrif 组孔隙度—渗透率交会图;(c)苏伊士湾 Rudeis 组(下中新统)孔隙度—渗透率交会图;(d)Asmari 组(渐新统—中新统)孔隙度—渗透率交会图(从 a 到 d 分别修改自 Riazi,2018;Liu 等,2019;Nabawy 等,2018;Farshi 等,2019)

FZI* 或 FZI – Star 由 Mirzaei – Paiaman 等提出,通过渗透率与孔隙度之比[式(3.4)]或多元线性回归方程[式(3.5)]来确定水动力流动单元。从他们的定义中可以看出,FZI* 与 Amaefule 的 RQI 是相同的。他们也认为 FZI 是颗粒大小的函数而不是孔喉大小的函数。

$$\text{FZI}^* = \text{RQI} = 0.0314(K/\phi)^{0.5} \tag{3.4}$$

$$\lg\text{FZI}^* = -1.50307 + 0.5\lg K - 0.5\lg\phi \tag{3.5}$$

Izadi 和 Ghalambor(2013)定义了两种新的指数,包括改进的储层质量指数(MRQI)[式(3.6)]和改进的流动带指数(MFZI)[式(3.7)],基于泊肃叶和达西公式如下:

$$\text{MRQI} = 0.0314 \ (K/\phi)0.5(1 - S_{\text{wir}})^{0.5} \tag{3.6}$$

$$\text{MFZI} = \text{MRQI}/\phi_z(1 - S_{\text{wir}})^{0.5} \tag{3.7}$$

尽管 Izadi 和 Ghalambor 通过砂岩得到了该公式,但 Mirzaei – Paiaman 等(2018)将他们的公式应用到了阿尔必阶—森诺曼阶 Ilam 组和 Sarvak 组碳酸盐岩储层中。值得注意的是,该方法需要其他区域的新数据来进一步证实。Nazari 等(2019)将 FZI* 方法应用到中波斯湾上二叠统 Dalan 组致密碳酸盐岩储层中(图 3.2)。他们的结论认为该方法可将致密碳酸盐岩样品与该地层的 K3 储层单元的其他部分区别开来。

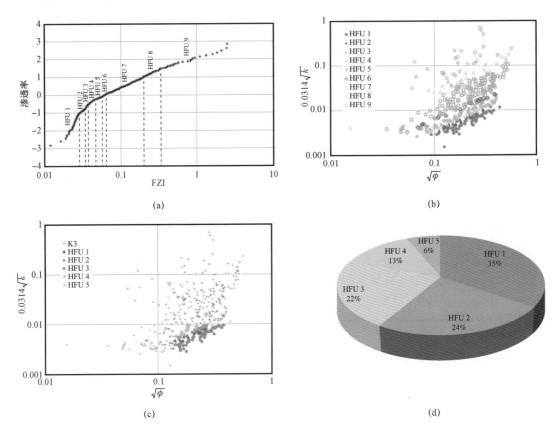

图 3.2　中波斯湾二叠统 Dalan 组基于 FZI* 的岩石分类结果。(a)FZI* 的概率分布和确定每种岩石类型的阈值;(b)0.0314 $\sqrt{K}$ 与 $\sqrt{\phi}$ 的双对数坐标图展示了样品的分类;(c)在同一图表中展示了致密碳酸盐岩样品(K3);(d)每一水动力流动单元中致密样品的比例(Nazari 等,2019)

3.3　旋回

碳酸盐岩在地质历史时期中是旋回性沉积的。认识碳酸盐岩不同层次旋回对划分地层而言是非常重要的。理解碳酸盐岩旋回的成因和结果也十分重要,因为有序的驱动机制是造成碳酸盐沉积多期旋回的原因。沉积旋回的主控因素是可容纳空间的变化,同理,可容纳空间变化的主控因素是气候的变化。

这种重复沉积和旋回模式的变化是由沉积物属性和地层界面的相似性变化呈现出来的。这些界面在区域上应当是可对比的。根据 Lerat 等(2000)的理解,重复沉积划分的标准是一个旋回内部沉积变化的延伸。因此,小旋回的变化造成更小尺度的旋回,沉积环境的重大变化造就了更大尺度的旋回。

旋回的解释可能由于凝缩段、地层缺失和沉积条件的变化(物理、化学或生物条件)而造成错误的解释。在最大洪泛时期,深水盆地处于饥饿状态并且沉积物的累积是缓慢的或无沉积的,因此,形成的薄层通常不能用于认识沉积盆地旋回的变化。在低位域时期,沉积物路过盆地的部分地区或侵蚀先期存在的地层并将其搬运至深水盆地中。

多年以来,层序地层学被用于解释井中或露头中沉积物旋回的样式。层序地层模式得以发展,旨在描述和解释沉积旋回的变化。层序是层序地层分析的重要基本单元,其他的划分方法取决于旋回模式的选取,但海平面的变化(升降)是独立于模型存在的。层序的定义是海平面连续升降变化过程中的沉积物组合。不同作者定义的层序边界的位置不同。无论如何,旋回升降的形式在不同尺度通常是重复的。这些旋回被认为是中观尺度的均质单元,因为组成它们的不同相具有成因联系。这意味着物理、化学和生物条件在沉积和沉淀时是近乎相同的。因此,它们具有相似的储层特征并且在更大尺度上是均质的。定义层序和体系域的模式有很多种。模式的选取取决于可用的数据和储层的非均质性。

许多数学方法广泛发展用于指示沉积物旋回性。变异函数(SV)、傅立叶分析(FA)以及最近发展的小波变换(WT)都可以用作旋回中沉积物的提取。变差函数通常用在油藏模型中以研究储层某些属性的空间连续性(Eltom 等,2013),但岩石物理数据的变异函数也可用来研究储层的周期性(Jennings 等,2000;Jensen 等,2000)。变差函数通过考虑两样品的空间位置来衡量二者的相似性程度。傅立叶变换通常用于谱分析,它也可以用来研究储层的沉积旋回(Herbert 和 Fischer,1986;Schwarzacher,1993;Ellwood 等,2008)。这两种方法均无法以它们的位置(深度)定位沉积事件。小波变换是储层中寻找层序边界和周期性沉积事件最有效的方法之一。小波是一系列随深度变化的振动,它的振幅从 0 开始并返回到 0。相比于傅立叶变换所使用的平滑正弦波,这种波可以是不规则的。虽然有很多标准的子波,但任何子波均可由用户来定义。所选波的方向和尺度的变换与数据集作比较,其相似性通过小波相关系数来表征。最大偏移量在不整合面处出现。实际上,在储层研究中,属性随深度发生变化,因此可以得到一个连续的深度系列。测井曲线就是根据深度记录的连续系列的例子。随后,小波相关系数用来识别属性的旋回性和不连续性。虽然和傅立叶变换一样,小波分析也是一种开时窗技术,但它拥有不同的时窗长。当分析低频振动信号时,时窗长度增加(频率降低)。许多研究者通过使用这种技术来寻找属性的旋回性和旋回的边界。Prokoph 和 Agterberg(2000)使用自然伽马(GR)测井曲线数据和 Morlet 小波分析来寻找沉积旋回的位置和间断。将 GR 曲线的旋回与米拉科维奇旋回作比较,他们认为气候的周期性变化是加拿大滨外 Egret 组沉积物变化的原因。他们设计了用小波变换分析深度系列数据的步骤流程(图 3.3)。小波分析也可用来识别米拉科维奇旋回样式(Prokoph 和 Thurow,2000)、同位素分析(Prokoph 等,2008)和轨道周期(Liu,2012)。

小波分析也可用来识别层序地层边界(图 3.4)。层序边界和最大洪泛面可通过该方法来识别。测井曲线的小波分析可在测井后立即使用,因此,其结果的获取比岩心的相分析要更快,且很多情况下岩心是无法获得的。

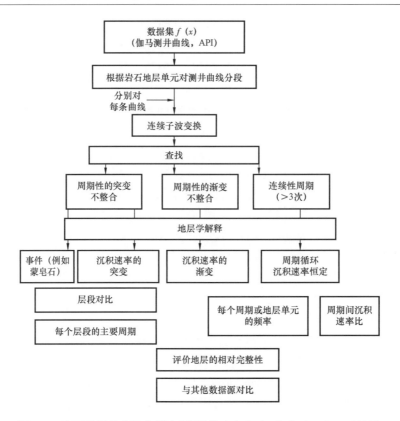

图 3.3 地下数据的小波分析流程图(修改自 Prokoph 和 Agterberg,2000)

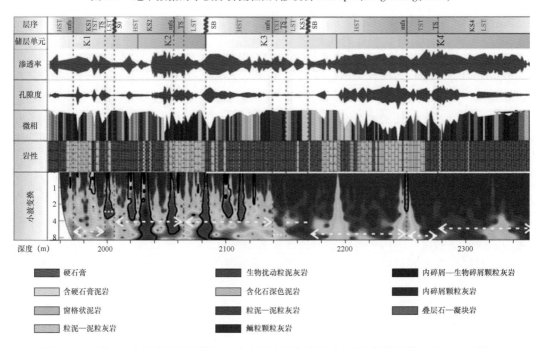

图 3.4 比较 GR 曲线数据的连续性变化和层序及相的关系(来自伊朗西部二叠纪—三叠纪 储层的岩心分析)。将 Morlet 波作为标准波

3.4　粗化

　　粗化是用均值定义一个体积单元的过程。通过粗化,可以在不同的尺度研究不同的属性。粗化对于不同尺度下开展对比和比较研究、储层建模和储层非均质性评价都很有效。对不同属性及测井曲线(连续曲线和离散曲线)的均值求取方法不同。对于诸如相和成岩相等离散曲线的常规平均方法主要包括大部分、中值、最小值、最大值、中点选取和算数平均法。算术平均、调和平均、几何平均、中值、求和、最小值、最大值和中点选取是粗化连续性属性(如孔隙度)测井曲线的方法。假定一个立方体单元由三个不同的相组成(图3.5)。相1和相2占据了单元的一小部分,而相3占据了大部分,因此,如果平均的方法是"大部分",那么相3即为该单元的平均。

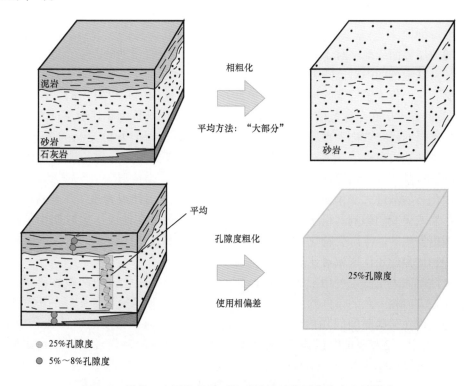

图3.5　粗化一个网格的岩石物理属性时使用偏差产生的影响

　　在静态模型中,一般使用粗化的方法将井点的测井曲线数据粗化到网格中。网格的大小是影响粗化后的模型最终质量和准确度的重要参数。应当基于推测的储层空间非均质性(如横向或垂向的相分布)来定义网格的大小。可以精细化网格来适应井上属性的非均质性。粗化的数据应与原始曲线数据做对比以对粗化的过程进行质量控制。如果粗化的曲线遵循原始数据,那么粗化就是正确的。如果二者存在明显差异,则需要重复粗化的过程。这种质量控制(QC)可通过视觉比较数据或统计工具(如直方图或交会图)来实现。为了将属性分配到特定的相中,在粗化的过程中使用偏差的方法。通过该方法,只有与相相关的数据在网格的平均过程中才被使用(图3.5)。

3.5 地层对比

所有的微观和中观非均质性应当在盆地范围内研究以便于分析属性在井间的空间分布。不同的数学公式可用来推测属性的井间分布,但从概念上来讲,地层对比是一种简单的在邻井间对比属性的方法。可通过地质年代数据对油田范围的地层进行对比追踪。地层的对比是基于 William Smith(1736—1839)首次提出的地层层序律(Winchester,2001)。他定义了地层叠置的原则并认为新地层总是沉积在老地层之上。他也认为某些化石是特定层的标志并且可根据化石的变化对地层进行地质年代排序。基于这些准则,具有相同地质年龄的地层可在盆地范围内对比,岩性特征和所含化石同样可用于地层对比,需要提醒的是岩性特征对比虽然是不可靠的,但在很多情况下是很有用的。不同的岩相可同时沉积,并且相似的岩相可沉积于不同的年代(Tavakoli 等,2018)。在全球尺度,具有相同地质年龄的所有地层可互相对比并且可建立一个全球地层剖面。

关键的地层界面或地层对于一个盆地的地层对比是十分有帮助的。一个区域的不整合面在油田内甚至盆地范围内对比的可信度较高。火山灰或沉积物中的陨石痕迹是可信度较高的对比标志层。它们代表了特定的地质时间,因此在较大的范围内是可对比的。在白垩纪的末期,一套富铱的黏土层在全球范围内分布,这种层或关键界面被称为年代地层标志层。年代跨度较短的标志层的研究被称为事件地层学。该术语由 Seilacher(1991)定义为沉积标志层,通常是短期灾难性地质事件。这些地质事件可持续几千年或更短。与更长地质年代的地层相比,这些地质事件可被认为是区域或全球尺度的短期事件。

地史中化石的渐进式变化使得基于绝对地质年代的地层对比成为现实。化石的演化受沉积环境的巨变或突变的影响。很多例子表明,某一物种的灭绝在地质历史时期中是瞬间的且是全球范围内发生的。浮游生物化石可在全球对比,但某些仅限于特定的水深、环境或气候,它们与前者相比只能用作区域对比。

地磁极性时间表虽然也可用于地层对比,但受限于样品的磁化方向和磁性矿物必须与沉积时期的地磁方向相一致的条件约束。地磁极性是显生宙时期两极间地磁场的不规则变化的结果。地磁极性在某些时间间隔内会保持不变,称之为极性时。当前的极性状态是正极性。因此,地质历史中与之相反的时段称为地磁反转。与全球标准地磁极性剖面作对比可实现地层的对比(Zhang 等,2015;Bover–Arnal 等,2016)。

地震数据也可用于地层对比。这些数据由油气田勘探阶段获取的地震波组成。地层边界和关键层序界面在地震剖面上可识别并可在油田或盆地范围内对比(见4.1节)。

依据碳酸盐岩的地球化学特征也可进行地层对比。化学地层学定义了地层的时间顺序(例如,元素组成和稳定同位素占比),根据其地球化学组分,可将地层划分成特定可追踪的单元并建立彼此的层次关系和空间分布(Ramkumar,2015)。显然,从该定义中可以看出化学地层学是地层对比的有效方法。碳酸盐岩的地球化学特征随沉积环境的物理、化学和生物条件的不同而不同。在更大的尺度上,这些单元是均质的,这些均质单元的对比可以帮助克服碳酸盐岩储层非均质性带来的挑战。根据地球化学特征(例如元素浓度或稳定同位素比)来表征岩石。突变边界用于识别关键界面。二叠纪—三叠纪边界(PTB)中 $\delta^{13}C$ 的全球范围的整体负偏移(Dolenec 等,2001;Heydari 和 Hassanzadeh,2003;Lehrmann 等,2003;Korte 等 2004a, b;

就是一个很好的例子,Tavakoli,2015;Tavakoli 等,2018),这与古生代末期的物种大灭绝有关。地球化学变化的趋势也可用于化学地层学。为了获得满意的结果,必须采用标准的采样流程、校正和统计分析方法(图3.6)。

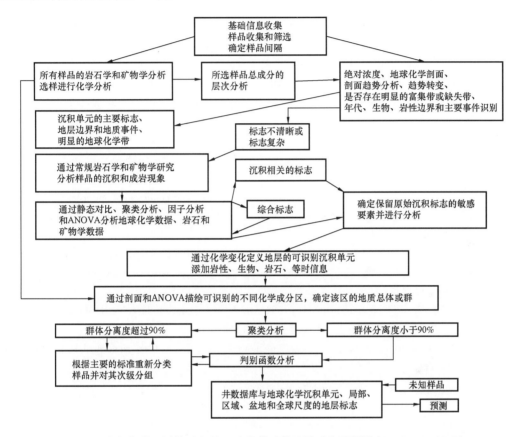

图 3.6　定义化学地层单元和基于这些单元的地层对比流程图(Ramkumar,2015)

参 考 文 献

Al – Dhafeeri AM, Nasr – El – Din HA (2007) Characteristics of high – permeability zones using core analysis, and production logging data. J Petrol Sci Eng 55(1 – 2):18 – 36

Amaefule JO, AltunbayMH, Tiab D, Kersey DG, KeelanDK(1993) Enhanced reservoir description using core and log data to identify hydraulic (flow) units and predict permeability in uncored intervals/wells. In: Paper presented at SPE annual technical conference and exhibition, Houston, Texas, 3 – 6 Oct 1993

Arifianto I, Surjono SS, Erlangga G, Abrar B, Yogapurana E (2018) Application of flow zone indicator and Leverett J – function to characterise carbonate reservoir and calculate precise water saturation in the Kujung formation, North East Java Basin. J Geophys Eng 15(4):1753 – 1766

Bear J (1972) Dynamics of fluids in porous media. Elsevier, New York

Bover – ArnalT, Moreno – Bedmar JA, FrijiaG, Pascual – Cebrian E, SalasR(2016) Chronostratigraphy of the barremian – early albian of the maestrat basin (E Iberian Peninsula): Integrating strontiumisotope stratigraphy and ammonoid biostratigraphy. Newsl Stratigr 49(1):41 – 68

Dolenec T, Lojen S, Ramovs A (2001) The Permian – Triassic boundary in Western Slovenia (Idrijca Valley section): magnetostratigraphy, stable isotopes, and elemental variations. Chem Geol 175:175 – 190

Ebanks WJ (1987) The flow unit concept—an integrated approach to reservoir description for engineering projects. AAPG Meeting Abstracts 1:521 – 522

Ellwood BB, Tomkin JH, Febo LA, StuartCN(2008) Time series analysis of magnetic susceptibility variations in deep marine sedimentary rocks: a test using the upper Danian – Lower Selandian proposed GSSP, Spain. Palaeogeogr Palaeocl Palaeoeco 261(3 – 4):270 – 279

Eltom H, Makkawi M, Abdullatif O, Alramadan K (2013) High – resolution facies and porosity models of the upper Jurassic Arab – D carbonate reservoir using an outcrop analogue, central Saudi Arabia. Arab J Geosci 6(11): 4323 – 4335

Farshi M, Moussavi – Harami R, Mahboubi A, Khanehbad M, Golafshani T (2019) Reservoir rock typing using integrating geological and petrophysical properties for the Asmari Formation in the Gachsaran oil field, Zagros basin. J Petrol Sci Eng 176:161 – 171

Flugel E (2010) Microfacies of carbonate rocks, analysis, interpretation and application. Springer, Berlin

Ginsburg RN, James NP (1974) Holocene carbonate sediments of continental shelfs. The geology of continetal margins. Springer, Berlin, pp 137 – 155

GunterGW, Finneran JM, Hartman DJ, Miller JD (1997) Early determination of reservoir flow units using an integrated petrophysical method, SPE 38679. In: SSPE annual technical conference and exhibition. San Antonio, TX; October 5 – 8, 1997

Hear CL, Ebanks WJ, Tye RS and Ranganatha V (1984) Geological Factors Influencing Reservoir Performance of the Hartzog Draw Field, Wyoming. J Petrol Tech, 1335 – 1344

Herbert TD, FischerAG(1986) Milankovitch climatic origin of mid – Cretaceous black shale rhythms in central Italy. Nature 321:739 – 743

Heydari E, Hassanzadeh J (2003) Deevjahi model of the Permian – Triassic boundary mass extinction: a case for gas hydrates as themain cause of biological crisis on Earth. Sediment Geol 163:147 – 163

IzadiM, GhalamborA(2013) Newapproach in permeability and hydraulic – flowunit determination. SPE Reserv Eval Eng 16(3):257 – 264

JenningsJW, Ruppel SC, WardWB(2000) Geostatistical analysis of permeability data andmodeling of fluid – flow effects in carbonate outcrops. SPEREE 3:292 – 303

Jensen JL, Lake LW, Corbett PW, Goggin DJ (2000) Statistics for petroleum engineers and geoscientists. Elsevier, Amsterdam, p 338

Korte C, Kozur HW, Joachimski MM, Strauss H, Veizer J, Schwark L (2004a) Carbon, sulfur, oxygen and strontium isotope records, organic geochemistry and biostratigraphy across the Permian/Triassic boundary in Abadeh, Iran. Int J Earth Sci 93:565 – 581

Korte C, Kozur HW, Mohtat – Aghai P (2004b) Dzhulfian to lowermost Triassicδ13C record at the Permian/Triassic boundary section at Shahreza, Central Iran. Hallesches Jahrb der Geowissenschaften Beiheft 18:73 – 78

Lehrmann DJ, Payne JL, Felix SV, Dillett PM, Wang H, Yu Y, Wei J (2003) Permian – Triassic boundary sections from shallow – marine carbonate platforms of the Nanpanjiang Basin, South China: implications for oceanic conditions associated with the end – Permian extinction and its aftermath. Palaios 18:138 – 152

Lerat O, Van Buchem FSP, Eschard R, Grammer GM, Homewood PW (2000) Facies distribution and control by accommodation within high – frequency cycles of the Upper Ismay interval (Pennsylvanian, Paradox Basin, Utah). In: Homewood PW, Eberli GP (eds) Genetic stratigraphy at the exploration and production scales. Elf EP, Pau,

France, pp 71 –91

Liu Z (2012) Orbital cycles analysis and its genesis significance for the sequence hierarchy: a case study of Carboniferous Karashayi Formation, Central Tarim basin. J Earth Sci 23(4):516 –528

Liu Y, Liu Y, Zhang Q, Li C, Feng Y,Wang Y, Xue Y, Ma H (2019) Petrophysical static rock typing for carbonate reservoirs based on mercury injection capillary pressure curves using principal component analysis. J Petrol Sci Eng 181:106175

Mirzaei – Paiaman A, Saboorian – Jooybari H, Pourafshary P (2015) Improved method to identify hydraulic flow units for reservoir characterization. Energy Technol 3:726 –733

Mirzaei – Paiaman A, Ostadhassan M, Rezaee R, Saboorian – Jooybari H, Chen Z (2018) A new approach in petrophysical rock typing. J Petr Sci Eng 166:445 –464

Mirzaei – Paiaman A, Sabbagh F, OstadhassanM, ShafieiA, Rezaee MR, Saboorian – Jooybari H, Che Z (2019) A further verification of FZI and PSRTI: newly developed petrophysical rock typing indices. J Petr Sci Eng 175:693 –705

Nabawy BS, RashedMA, Mansour AS, Afify WSM (2018) Petrophysical and microfacies analysis as a tool for reservoir rock typing and modeling: Rudeis Formation, off – shore October Oil Field, Sinai. Mar Petrol Geol 97:260 –276

Nazari MH, Tavakoli V, Rahimpour – Bonab H, Sharifi – Yazdi M (2019) Investigation of factors influencing geological heterogeneity in tight gas carbonates, Permian reservoir of the Persian Gulf. J Petrol Sci Eng 183, art. no 106341

Prokoph A, Agterberg FP (2000) Wavelet analysis of well – logging data from oil source rock, Egret Member, Offshore Eastern Canada. AAPG Bull 84(10):1617 –1632

Prokoph A, Thurow J (2000) Diachronous pattern of Milankovitch cyclicity in late Albian pelagic marlstones of the North German Basin. Sed Geol 134(3 –4):287 –303

Prokoph A, Shields GA, Veizer J (2008) Compilation and time – series analysis of amarine carbonateδ18O, δ13C, 87Sr/86Sr and δ34S database through earth history. Earth – Sci Rev 87(3 –4):113 –133

Rahimpour – Bonab H, Mehrabi H, Navidtalab A, Izadi – Mazidi E (2012) Flow unit distribution and reservoirmodelling in cretaceous carbonates of the Sarvak Formation, Abteymour Oilfield, Dezful Embayment, SW Iran. J Petr Geol 35(3):213 –236

Ramkumar M(2015) Chemostratigraphy: concepts, techniques and applications. Elsevier, Amsterdam

Read JF (1982) Carbonate platforms of passive (extensional) continental margins: types, characteristics and evolution. Tectonophysics 81:195 –212

Riazi Z (2018) Application of integrated rock typing and flow units identification methods for an Iranian carbonate reservoir. J Petr Sci Eng 160:483 –497

Schwarzacher W (1993) Cyclostratigraphy and Milankovitch theory. Devel Sedimentol 52:225

Seilacher A (1991) Events and their signatures: an overview. In: Einsele G, RickenW, Seilacher A(eds) Cycles and events in stratigraphy. Springer, Berlin, Heidelberg, New York, p 955

Shaw AB (1964) Time in stratigraphy, 365. McGraw – Hill Book Company, New York

Soleymanzadeh A, Parvin S, Kord S (2019) Effect of overburden pressure on determination of reservoir rock types using RQI/FZI, FZI and Winland methods in carbonate rocks. Petr Sci. https://doi. org/10. 1007/s12182 –019 –0332 –8

Tavakoli V (2015) Chemostratigraphy of the Permian – Triassic Strata of the Offshore Persian Gulf, Iran. In: RamkumarM(ed) Chemostratigraphy: concepts, techniques, and applications. Elsevier, Amsterdam

Tavakoli V (2018) Geological core analysis: application to reservoir characterization. Springer, Cham

Tavakoli V, Rahimpour – Bonab H, Esrafili – Dizaji B (2011) Diagenetic controlled reservoir quality of South Pars gas field, an integrated approach. C R Geosci 343:55 – 71

Tavakoli V, Naderi – Khujin M, Seyedmehdi Z (2018) The end – Permian regression in the western Tethys: sedimentological and geochemical evidence from offshore the Persian Gulf, Iran. Geo – Mar Lett 38(2):179 – 192

Tiab D, Donaldson EC (2015) Petrophysics, theory and practice of measuring reservoir rock and fluid transport properties. Gulf Professional Publishing, Houston

Walker RG (1984) Facies models. Geological Association of Canada

Winchester S (2001) The map that changed the World. Harper Collins, New York, p 329

Zhang Y, Li M, Ogg JG, Montgomery P, Huang C, Chen ZQ, Shi Z, Enos P, Lehrmann DJ (2015) Cycle – calibrated magnetostratigraphy of middle Carnian from South China: implications for

Late Triassic time scale and termination of the Yangtze Platform. Palaeogeo Palaeocl Palaeoeco 436:135 – 166

第4章　宏观非均质性

在研究碳酸盐岩非均质性时,应当将微观和中观非均质性组合起来形成油田或盆地内可对比的更大尺度的单元。这是通过使用地震数据、沉积地层、层序地层概念、绘制不同的图件和储层层析成像来完成的。地震波穿过储层岩石并呈现出较大尺度的构造,这些数据对油田尺度的地下精细对比是非常有用的。岩层的声阻抗差代表不同的层位,解释时应当仔细谨慎。地震同向轴可能代表不同地层的顶界、时间界面、不同岩性或储层属性的任何变化。层理是由相属性在地质时期的变化产生的,它们代表了不同的沉积条件和储层特征。地层在横向上广泛的连续性使得大尺度的横向对比是可行的。具有成因联系的地层被归类为层序地层单元,层序地层单元沉积于相同的物理、化学和生物条件下,因此,它们也具有相似的储层特征。从原生结构来讲,它们也具有相同的成岩印记。层序单元边界的识别依据于岩心分析数据、地震数据和测井曲线数据,它们在井间可对比。随后,微观和中观尺度的非均质单元展布于层序格架中。低渗透或非渗透层被认为是储层内静态或动态隔夹层。隔夹层对储层单元内流体性质的影响较大,在油田投入开发前应慎重考虑。来自不同井的数据以平面图或垂向剖面的形式展示,它们能帮助理解储层宏观的非均质性。不同深度的平面图用于储层的层析成像,该方法可揭示储层属性随时间的变化。

4.1　地震解释

地震数据来自人工诱发的地震事件,将声波发送到地下后,地下的各种构造、地质体和非地质体会反射这些波。任何物体的反射取决于它的声阻抗即密度与速度的乘积。反射数据经处理后形成可视化的地层内部图像。制作二维和三维切片并用于后续解释。通常,地震剖面的分辨率不超过几十米,所以不能用来识别微观非均质性,但这些反射波是层面的良好指示。反射的两侧具有不同的声阻抗,非地质反射波如衍射波和多次波必须先去除掉。非沉积特征如断层或流体接触面也可产生反射波,可用于后续解释。

地震解释的基本原则是主要的反射波代表了地层界面(例如地层顶面),这些层面大多数是等时界面因而在油田或盆地中是可对比的(图4.1)。

这些反射波反映了较大尺度的图像,因此可以很清楚地观察到横向的变化。边界指示了沉积环境的变化,如能量等级、沉积速率、碳酸盐岩台地的类型或储层的主控成岩作用。反射波的连续性代表了地层的横向变化。浅部和深部的沉积物可根据连续的反射波作横向对比,这一点很重要,因为通常深部地层的沉积变化不太清楚。例如,可根据浅层地层的堆积样式的变化来清晰地定义层序边界,而在深水盆地区则没有明显的海平面变化的依据。反射波的振幅是两套地层特征差异的结果,也可能是所含流体的不同造成的。振幅的变化代表了岩性、孔隙度或流体成分的差异。地层的几何形态可通过反射波的构型推导出来,地层几何形态揭示了沉积和构造活动过程,这些过程塑造了原始的地质构造特征(如古地形和基底同沉积断层)。反射频率可用来计算地层的厚度和可能的流体成分。层速度来自地震反射波,它反映

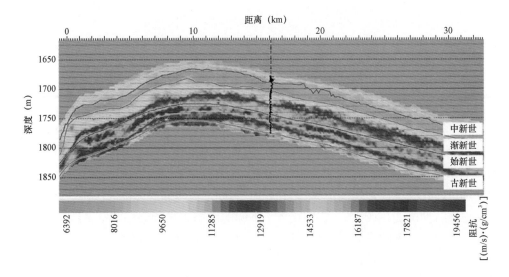

图4.1 伊朗西南部地震剖面图,展示了地层的声阻抗,等时边界明显

了孔隙度、孔隙类型、流体成分以及地层的岩性。地震反射波也可用来识别不整合面和削截面,这些层面的两侧在岩性或流体成分以及地层的倾角上有很大的差异,因而可在地震剖面上较容易地识别。

地震剖面的主要应用是目的层的层序地层学研究。如前所述,侵蚀面和削截面在地震剖面上可识别。这些界面可用来确定成因相关的地层和各种体系域(ST)。实际上,层序地层的首次出现就是基于地震数据的解释结果(Vail 等,1977)。层序地层可用来进行大尺度的地层对比和储层划分(见4.4节)。

相似的反射波被组合到一起形成地震相(Sangree 和 Widmier,1977)。该定义与沉积相的基本定义非常相似。一系列相似形态的地震反射波被定义为一个地震相(图4.2)。相似性的解释基于反射波的形态、连续性、振幅和频率(Veeken 和 van Moerkerken,2013)。地震相由岩

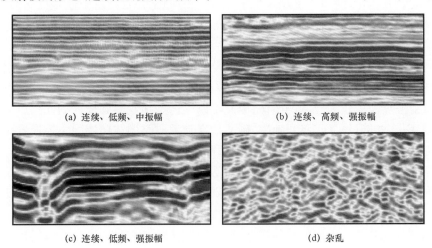

图4.2 沉积盆地的地震相实例

性、成因关系和沉积环境来描述。如其他相类型一样,每一种相都有很多需要考虑的特征。内部反射的结构应当是已知的,关于几何形态,地震反射可以是平行或近平行的、波型、分散型、圆丘型或杂乱型(Veeken 和 van Moerkerken,2013)。外部的几何形态是整体地震相的三维形态(Vail 等,1977)。与相模型一样,每个几何形态代表了特定的沉积环境。例如席状形态指示了安静和分布广泛的沉积背景。楔状形成于沉积的突然中断。一个很好的例子是深水盆地的强制海退楔状体是浅水地区受侵蚀的沉积物堆积而成。地震相中丘型的形态很常见,这是由于碳酸盐岩台地建造较发育,斜坡前缘较容易识别并且指示了镶边陆架、远端变陡型缓坡或陡坡环境。

　　地震数据的采集、处理和解释在储层非均质性评价中扮演着十分重要的角色。实际上,地震剖面是地下储层宏观尺度非均质性的图像。相的形态和空间分布在这些剖面中的识别较为容易。地震数据的缺失可能导致储层非均质性的错误解释(图 4.3)。

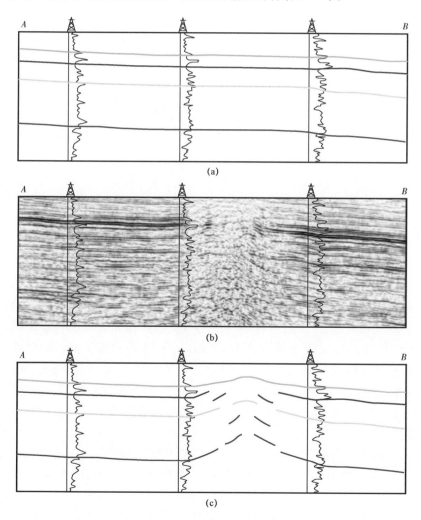

图 4.3　同一油田中三口井的对比剖面。测井对比无法识别的地质体
(a)在地震剖面中可以识别(b,c)

4.2 裂缝

　　碳酸盐岩裂缝型储层在许多大型油田中是主力油气产层(例如伊拉克 Kirkuk 油田或伊朗的 Gachsaran 油田)。储层中可能会发育各种类型的裂缝,这些裂缝将极大地增强地层的非均质性(图4.4)。

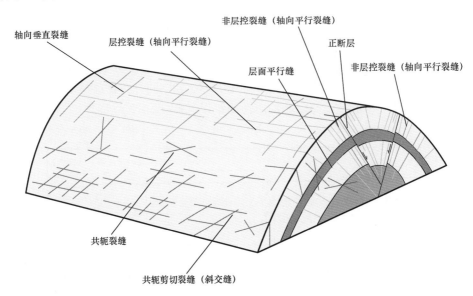

图4.4　储层中不同类型的裂缝。它们对流体流动和碳酸盐岩的非均质性有很大影响
(由 R. Nozaem 提供)。该图经 Hatcher (1994)和 Davis 等(2011)修改

　　裂缝可形成流体流动的连通路径因而对渗透率有直接影响(图4.5a)。裂缝同样影响孔隙度,通过移除岩石中的流体创造孔隙空间(如孔洞)来影响孔隙度(图4.5b)。尽管裂缝如此重要,但在很多储层研究中却被忽略了,这是由于缺乏定量表征裂缝的数据。同时,裂缝孔隙度、渗透率与基质孔隙度、渗透率之间的交互关系也很复杂(Nelson,2001)。获取一块带裂缝的样品(岩心)是很困难的,并且测量裂缝的岩石物理属性如孔隙度和渗透率也是很困难的。实际上,与流体相关的岩心分析测试中(如相对渗透率或覆压实验),裂缝性样品是被忽略的。尽管裂缝可以在岩心中保留下来,但很多岩心的获取是非定向的。地层成像测井(FMI)或油基成像测井(OBMI)等成像测井常用来识别、分析和解释裂缝,这些测井是由定向工具完成的,因而可获得裂缝的走向和倾向。可将成像测井获得的这些数据和可识别的岩心裂缝走向和倾向对比来为岩心定向。在更大的尺度,地震剖面可用来识别主要的断裂。裂缝基于理论成因(剪裂缝、扩张缝、张裂缝)或基于自然产状(构造缝、局部缝、收缩缝和表面相关缝)来分类(Nelson,2001)。收缩缝对储层属性的影响可忽略不计(图4.5c~e)。为了理解裂缝对储层质量和非均质性的影响,需要认识裂缝网络的岩石物理属性。这些属性包括裂缝类型、大小、形态、地层和空间裂缝分布、地质特征(例如胶结作用或优势岩相的变化)、构造演化和岩石裂缝系统影响的岩石物理属性。岩石物理属性包括裂缝的孔隙度和渗透率、流体饱和度和裂缝油藏的预测采收率(Nelson,2001)。在渗透率方面,裂缝会极大地改

变岩石的各向异性和非均质性(Hennings 等,2012;Guerriero 等,2013;Wang 等, 2016;Vola-tili 等,2019)。

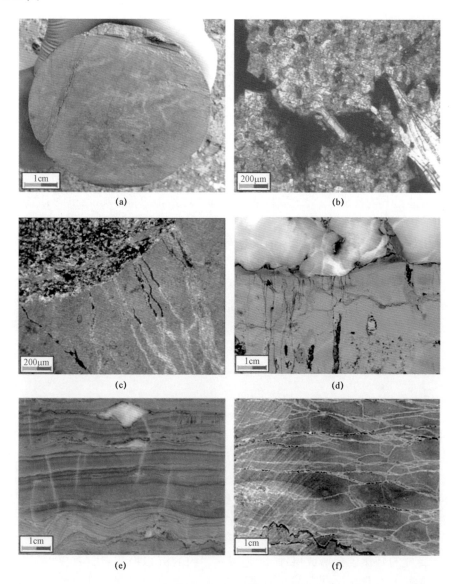

图 4.5　一个裂缝高度发育的岩心具有很高的流体流动潜力(渐新统—中新统 Asmari 组)(a),
裂缝扩大了流体流通路径并形成瓦格孔(渐新统—中新统 Asmari 组)(b),由硬石膏脱水形成的
小裂缝(三叠统 Kangan 组)(c,d),潮间缝合线的收缩缝(三叠统 Kangan 组)(e)和裂缝密集
发育的网络作为隔层(二叠统 Dalan 组)(f)。b 和 c 为正交偏光,其他为岩心样品

　　在形态方面,开启裂缝和矿物充填裂缝均改变了储层的非均质性,开启缝增大了储层的渗透率,矿物充填缝成为流体流动的屏障并可能成为隔层(图 4.5f)(Massaro 等,2018)。
　　所有的裂缝均为次生成因,因此其性质可能继承其他地层特征。岩性和沉积相对裂缝形成的影响很多学者已有讨论(Moor 和 Wade,2013;Michie ,2015;Dong 等,2017;Korneva 等,

2018)。这些研究表明岩性、结晶大小、结构、层厚和孔隙类型、大小及体积均对裂缝形成有很大影响。许多学者认为白云岩比石灰岩更容易形成裂缝(Schmoker 等,1985;Nelson,2001;Gale 等,2004;Korneva 等,2018),而一些研究则得到相反的结论(Beliveau 等,1993;Rustichelli 等,2015)。Flugel(2010)和 Rustichelli 等(2015)认为细晶白云石与粗晶白云石相比裂缝更发育。Sowers(1970)和 McQuillan(1973)研究表明裂缝间距随层厚增加。因此,裂缝在某些例子中表现出继承原岩的非均质性特征。

野外露头剖面的裂缝分析为碳酸盐岩裂缝的研究提供了启示(De Keijzer 等,2007;Bisdom 等,2017;Burberry 和 Peppers,2017;Massaro 等,2018)。露头可大范围出露,岩层的几何形态和厚度变化可连续追踪,裂缝也清晰可见。断层和裂缝的类型及规模也很明显。在露头中可直观地识别出地层和三维裂缝的非均质性以及裂缝的演化模式。裂缝及裂缝渗透率对覆压和流体成分非常敏感,但在地表条件下无法体现,因此在对比露头和地下储层时应注意。岩层和地层在横向上可能是非均质的,因此地质特征和岩石物理特征可能在地表和地下完全不同。此外风化作用的影响也应该考虑。

裂缝地层学用于对具有相似成因的层序地层进行裂缝分组归类(Morettini 等,2005;De Keijzer 等,2007;Ferrill 和 Morris,2008;Ameen 等,2009;Dashti 等,2018;Lavenu 和 Lamarche,2018)。岩石的各种属性(例如储层的岩性、沉积相、层厚和层界面)以及构造活动控制了裂缝的空间分布。"力学地层学"是指根据岩石的地质力学属性(例如弹性刚度和抗张强度)来划分储层。这些力学地层单元的展布是储层破裂及其衍生裂缝的良好指示。裂缝属性(例如频率、间距、形态和方位)由岩心、成像测井或地震剖面来确定,显然,这些裂缝属性的表征如其他非均质性属性一样依赖于不同尺度的研究。

4.3 层理

"层理"(stratification)这一术语起源于单词"stratum"(地层的单数)和"strata"(地层的复数),意思是不同沉积环境中形成的岩层的组合。层代表了地质历史时期特定的沉积环境条件,由等时边界所围限的一系列层组成段。通常,由于下伏岩层古地形的不同,层界面可能是水平的或倾斜的。大多数沉积岩在沉积时是层状的。层厚在盆地的不同地区可能不同,可由几厘米变化到几千米。结构的变化(例如大小、形状甚至颗粒的颜色)以及沉积物的组成都会形成层理。地层的倾角、厚度和组成也会发生变化,这将进一步加剧储层的非均质性。属性的变化也会形成层理,因此同一层内的沉积物和岩石在更大尺度上是均质的。同一层内的平面非均质性在某些情况下很强,因此要考虑到这种情况。在碳酸盐岩沉积环境中,相类型指示了颗粒与基质比、颗粒大小和组成。沉积环境的不同导致沉积相的差异,因此碳酸盐岩沉积呈现成层性。碳酸盐岩的进积或退积也造成沉积物的层理特征。不同沉积相的岩层在垂向上相互叠置。举例来说,在洪泛期,深水泥岩相和浮游有孔虫沉积在先前的高能滩相之上。由于沉积环境的不同,地层的形状和大小可能是不同的。薄互层增加了地层的垂向非均质性。

在地下剖面中,层理和层段的研究基于地下数据,如岩心、测井曲线和地震剖面。岩心最可靠,可直观地识别和区分层理。尽管岩心尺寸较小(通常直径为 4in),使用有很多限制,但是它可以提供许多地层的直接数据,如层厚、形状和储层结构及组成的变化。基于岩心分析结果得到的地层对比对于储层的岩石物理特征的模拟有很大帮助（Borgomano 等，2008）。除岩心外，测井曲线和特定的成像测井对地下层理的认识提供了宝贵的数据。现代的工具具有较高的分辨率，它们可以提供层厚、走向、倾角、倾向、岩相（成分组成）、相（结构）和地层的形态。碳酸盐岩中发育交错层理，尤其发育在颗粒主导的沉积相中。鲕粒颗粒灰岩就是最好的例子，在岩心样品或成像测井上也可识别。

当地震具有较高的分辨率，同时研究目的层厚度足够厚的情况下，地震数据也是十分有用的。地震数据集是油田尺度的（十米到数十千米），因此是理解沉积平面展布和垂向叠置的有效数据源。地震数据同样可清晰地识别地层的尖灭终止。

4.4　层序地层

多年以来，将地层划分为储层单元主要标准的确定一直是一个难题。岩石地层和生物地层是长久以来储层划分的基础。主要的问题在于相同岩性或一个生物带中的储层属性会发生变化。岩石地层单元的边界取决于岩石特征，但不同的岩性可能具有相似的储层特征（图 4.6）。相反，相似的岩性可能有不同的储层特征，这种情况也出现在生物地层中。生物地层单元的边界被认为是等时的，它们代表着时间线，因此在多数情况下同一生物地层单元具有相似的属性，但这也不完全是正确的（图 4.6）。因此，石油地质学家通过成因相关的地层分类法对储层划分并由此产生了层序地层。层序地层单元在沉积时具有相似的物理、化学和生物条件。与诸如岩心尺度的岩石类型或测井相等微观和中观储层单元相比，基于层序地层学的储层划分方法在更大尺度定义了均质储层单元。这些单元由主要的洪泛事件所界定，这些洪泛事件的解释模式有很多，选取哪种模式来研究盆地或油田取决于地层的沉积学特征和储层特征（Catuneanu 等，2009）。

成岩作用可能会改变岩石沉积后的属性，但这些地层的原生特征是相似的，它们的成岩变化同样也相似。举例来说，大气淡水可溶解文石而不会溶解方解石。在鲕粒颗粒灰岩中，鲕粒是文石质的，因此易于受沉积相控制形成铸模孔。早成岩期与沉积期早期时间接近，因此该阶段选择性的影响沉积结构，然而如破裂作用等却具有非选择性。在某些例子中，一些成岩作用继承了样品的先前非均质性特征（见 4.2 节）。图 4.7 展示了二叠纪—三叠纪碳酸盐岩储层的理想沉积层序。图 4.8 展示了这些层序单元的孔隙度—渗透率交会图以及它们的体系域特征。由图 4.8 可以看出，在某些例子中二者的相关性较好，每个单元的储层质量各不相同。

建立孔隙度—渗透率的关系是认识储层非均质性的第一步。应当综合考虑不同尺度的储层非均质性评价结果，以便于更好地认识非均质性的成因，克服非均质性带来的挑战。如前所述（2.8 节），岩石类型划分是微观尺度的最后一步。岩石类型和流动单元通过岩石物理参数来定义，但地质岩石类型（GRT）可帮助理解控制地层非均质性的主要因素和次要因素。因此，应该综合运用地质岩石类型、流动单元指数、洛伦兹图、Winland 岩石类型和其他方法来实现储层非均质性的准确表征，进而确定它们在体系域中的分布。由于碳酸盐岩的非均质性程度很强，解释时通常具有不确定性。最主要的目标是尽可能地确定一个相对均质的单元。

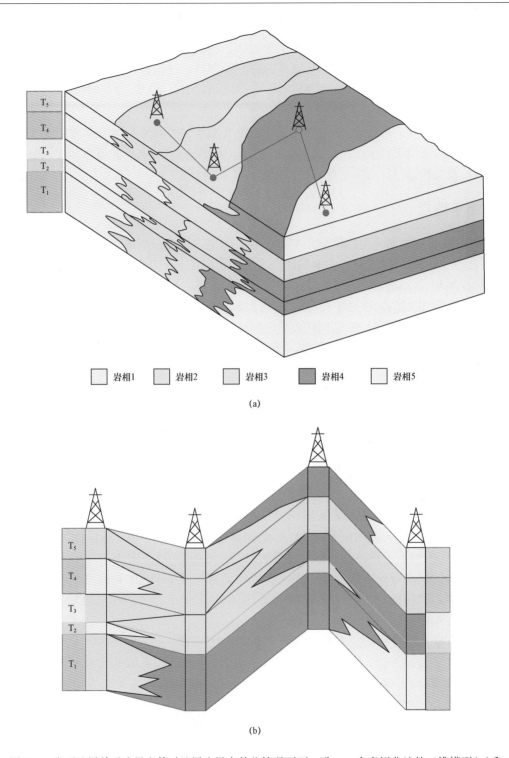

图 4.6 岩石地层单元边界和等时地层边界在某些情况下不一致。一个虚拟盆地的三维模型(a)和
珊状图(b)表明了岩石类型 1 和岩石类型 2 为储层单元

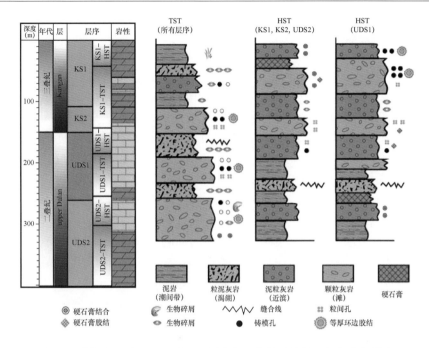

图 4.7　波斯湾二叠纪—三叠纪地层中每一个体系域的理想相叠加样式。
HST:高位体系域,TST:海侵体系域

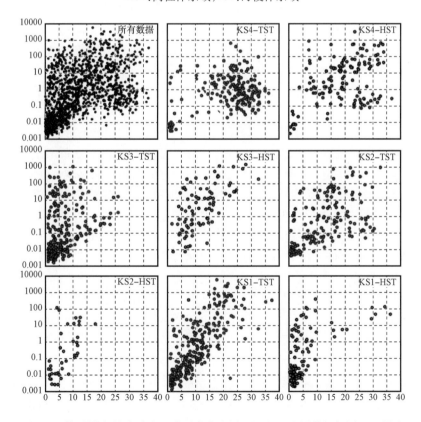

图 4.8　体系域中的孔隙度—渗透率交会图。沉积和地层特征如图 4.7 所示

4.5   油藏单元划分

一个油气系统内若流体类型和压力系统等不同,那么就需要对该油藏进行划分(Jolley 等,2010)。这些被分隔的油气单元在生产时被看作独立的流动单元,这是由于隔层阻挡了不同储层单元之间的流体流动。最广为人知的例子是盖层在地质历史时期中阻挡了油气的运移。这些隔层属于"静态隔层"(Jolley 等,2010)并且通常在资产链评价的勘探和评价阶段对其进行表征。也有些盖层并不能完全封隔流体,流体经过很长的时间后可在储层中流动,但在生产过程中,这些盖层极大地降低了流动性,它们具有极低的渗透率,被称为"动态隔层",因为它们的作用在油藏评价阶段后发生了变化。在勘探和评价的第一阶段,根据油藏的压力梯度,地层压力接近线性变化。投入开发后,流体和压力在不同的储层间并不平衡,因而油藏被分隔为不同的流动(压力)单元。这是一个很严峻的问题,因为油田的开发方案是根据特定地区或地层的油井生产状况来确定的。未识别的隔层将导致油藏压力产生预期之外的变化。未识别隔层同样也导致流体从高压区向低压区流动,进而导致层间窜流。隔层会改变油水(气油)界面,因此,不同油井的可采油气量会有很大差别。压力相关的现象如井喷或裂缝也会随压力的异常而发生变化。流体的相变也是可能的。所有的这些现象都是由于储层的非均质性造成的,因而在投产前应对其进行评价。

一些碳酸盐岩和砂岩储层的研究表明,油藏的划分是一个很常见的现象,它受控于各种地质因素的制约,如不同尺度下的沉积、成岩作用、地层或构造运动(Clark 等,1996;Rahimpour – Bonab,2007;Jolley 等,2010;Rahimpour – Bonab 等,2014;Mehrabi 等,2016;Hosseini 等,2018;Nabawy 等,2018)。灰泥主导碳酸盐岩在多数情况下具有较低的孔隙度和渗透率,它们发育在潮间、潟湖和盆地沉积环境中。在碳酸盐岩—蒸发岩背景中,蒸发岩矿物如石膏和硬石膏形成粒间胶结物和单独的岩层。石膏在埋藏环境脱水并转换为硬石膏因而降低了储层质量,增加了非均质性并形成隔层。席状形态的蒸发岩沉积是分隔储层单元的良好隔层。潟湖环境的泥灰岩和粒泥灰岩从其结构来看,具有成为隔层的潜力,但它们透镜状的形态并不能阻挡流体跨层运移。深水盆地内以泥质为主的相也具有席状的形态并在盆地内分布广泛,但其相组合并不适合油气聚集。成岩作用也可能造成低孔隙度和渗透率的隔夹层出现。强胶结作用堵塞了岩石孔隙并降低了渗透率,成为动态隔层。例如,伊朗扎格罗斯盆地的下三叠统,二叠纪—三叠纪大灭绝后,由于分泌碳酸盐生物的灭绝,海水变得过饱和,因此,叠层石在早三叠世的阿拉伯板块陆缘海广泛发育,叠层石由低渗透率的微晶颗粒组成(Abdolmaleki 和 Tavakoli,2016;Abdolmaleki 等,2016)。强胶结作用也堵塞了少量的孔隙空间,因此形成一个动态的隔层(图4.9)。该层较低的渗透率使得烃类流体缓慢穿过二叠系—三叠系边界,但在生产时作为盖层存在。因此,看起来像一个储层的地层,被分为两个压力系统的储层。

垂向闭合断层或裂缝可能将油田分为不同的单元(Bailey 等,2002;Ainsworth,2006;Massaro 等,2018)。因此,油田在平面和垂向上均可分区划分。裂缝或断层必须是非渗透性的,以此来分隔油藏,这在共有油田的生产中很重要,当一个国家在油田的一侧生产时将会对另一个国家所占油田的压力和流体特征产生强烈影响。这种非均质性可能会完全改变油田的投资方案和生产计划。对储层隔层的认识研究和成因研究对任何油气田的开发评价都是必要的。投产后,其结果需要根据动态生产数据再进行修正(图4.10)。

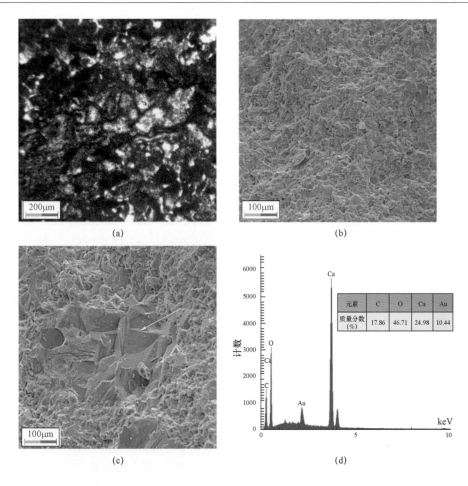

图 4.9 扎格罗斯盆地下三叠统生物大灭绝后叠层石相薄片(a)和扫描电镜图(b)。
方解石粗晶从过饱和海水中沉淀(c)。能量散射 X 光分析(EDX)识别的方解石矿物(d)

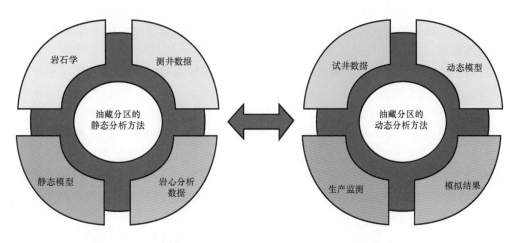

图 4.10 油藏的流动单元划分研究基于各种静态数据和动态数据,
并在油藏的全开发生命周期中持续监测

4.6 储层分层

在宏观尺度,储层的分层是克服非均质性带来的挑战的最重要一步。因此,许多学者尝试引入一些有效的方法将储层划分为不同的均质单元。微观尺度研究一次只考虑一个样本,因而不存在内在的非均质性,与微观尺度相反,储层中包含了各种类型的样本。因此,定义一个宏观尺度的均质单元并不是一个简单的工作。储层分层目的是尽可能地将相邻且相似的样品结合到一个储层尺度的单元内。应当谨慎定义各单元的边界,并且该边界在油田范围内是可追踪的。许多学者均尝试过基于不同的方法来建立一种分层的工作流程(Martin 等,1997;Daraei 等,2017;Tavakoli,2017;Jodeyri – Agaii 等,2018)。

岩相划分是储层分层最简单的方法,其边界在岩心、岩屑、薄片和测井曲线中均易于识别,在新井中同样可起到岩相预测的作用。多年以来,石油地质学家和钻探人员均使用该分层方法。尽管它有自己的优势,但在很多情况中岩相的变化并不代表储层属性的变化。石灰岩的孔隙度、渗透率、孔喉大小分布、润湿性等变化范围很大,这种情况也出现在白云岩中。因此,基于岩相的分层方法仅应用于新井中,尤其是研究较少的油田新井中。化石含量也可用来进行碳酸盐岩储层的分层,等时边界通过古生物学研究来确定,这些边界通常与储层分层相一致,这是由于年代相关的地层通常具有相似的沉积条件。不整合面是等时界面的一个很好的例子(Tavakoli 等,2018)。不整合面控制了界面上下地层的储层特征(Abdolmaleki 等,2016),这一标准在没有标志化石时不适用。同样地,某些情况下储层属性的变化与时间无关。相反,沉积环境的平面变化强烈影响着岩石的储集潜力,具有不同储层属性的沉积环境是同时沉积的。相反,层序地层界面的定义是基于地层间的成因关系。沉积物沉积在相似的物理、地球化学和生物条件的背景下,也致使它们具有相同的储层特征。如前所述,成岩作用,尤其是早期成岩作用,同一沉积背景下的沉积物其特征是相似的。因此,层序地层学是储层分层可接受的方法。由于许多层序地层学的概念是与模式相关的(Catuneanu 等,2009;Catuneanu,2019),因而选取一个合适的模式来表征储层物性的变化是该方法的关键。总之,与模式无关的层序地层学概念是研究不同地质背景、尺度和数据的标准准则。首先,识别地层的堆积样式,并定义体系域的格架。这是与模式无关的,因而可以在任何油田或盆地使用。其次,选取层序边界刻画特殊的体系域,这两项工作是与模式相关的,应根据研究区的条件选择,如数据的类型和分辨率、沉积环境、构造活动和古气候。举例来说,强制海退体系域(FRST)在很多干旱型碳酸盐岩缓坡情况并不适用。已识别的微观岩石类型和流动单元分布于体系域中,同时确定它们的非均质性程度,这可以从绘制一个层段(体系域或层序)的简单的孔渗交会图开始,随后在这些单元中划分地质岩石类型(GRT)。每一层序地层单元的岩心尺度的岩石类型频率也应考虑,它们指示了该单元的非均质性程度。其他统计学参数如变异系数,图表如饼图或直方图的使用也可用来评价每一个单元的非均质程度。显然,定义的任何层段都应是油田或盆地范围内可追踪、可绘制和可对比的,这可通过测井曲线数据来实现。边界的定义与不同测井曲线的波峰或波谷相关,提取每一层段的测井曲线特征并在全油田或盆地范围内对比。测井相(EF)(2.9 节)也可用来对比。与岩石类型一样,也需要考虑每一层段的电测井相的分布,这在没有岩心的井间是可对比的。

各储层单元的累计流量和深度关系图指示了储层的边界。在一个理想的平衡条件下,当储层没有垂向的非均质性时,流量增加的速率和深度的关系为常数。因此,绘制的深度和累计流量的关系可得出具有恒定斜率的直线。斜率的变化指示了流动单元和储层属性的变化。流动单元的正态概率图(NPP)也显示出相同的结果。该图表明数据集与正态分位数的关系,对角直线表明了正态分布。正态分位数的分布是对称和单峰的,其均值、中值和众数相等。数学软件中的内置命令可用来创建正态概率图,如 Minilab 软件,它们可绘制分类数据与分位数的关系,分位数将数据集分为相等的部分,因而具有正态分布。例如,将一个分布等分为100份,可以称其为百分位数。这些百分位数将数据分为100个相等的分位数比例。分位数是通过标准正态累计分布的倒数计算得出的,该分布的平均值为0,标准差为1。所得直线的不同的斜率代表不同的层段(图3.2a)。

　　储层分层也可通过地层修正的洛伦兹图实现。起初,洛伦兹方法是为了衡量财富与人口关系不均衡程度(Lorenz,1905),石油工程师通过绘制累计流量与采样间隔内的累计厚度之间的关系对该方法进行了修改(Schmalz 和 Rahme,1950)。在一个均质油藏中,流量随深度的增长率为常数。因此,累计流量值与深度图为一对角直线,也称为“绝对平等线”。随着非均质性的增加,储层物性随机变化并偏离绝对平等线,该线称为洛伦兹曲线,洛伦兹曲线与绝对平等线之间面积的两倍称为洛伦兹系数(Lc)。随着非均质性的增加,洛伦兹系数也从0(完全均质)向1(最大非均质)增加。不同储层级别的流动单元可通过地层校正的洛伦兹图(SMLP)评价(Gunter 等,1997)。所有数据按深度排列,将每一个孔隙度值乘以采样间隔的厚度即可得到累计频率。其结果以1%~100%标准化,称为储集能力。将渗透率重复该过程计算,称为流动能力。地层校正洛伦兹图通过绘制储集与流动交会图来构建。储层分层根据该直线斜率的变化而不同(图4.11)。如前所述,以上提及的方法如孔隙度—渗透率交会图或岩心尺度的岩石类型分布可用来验证分层(图4.11)。

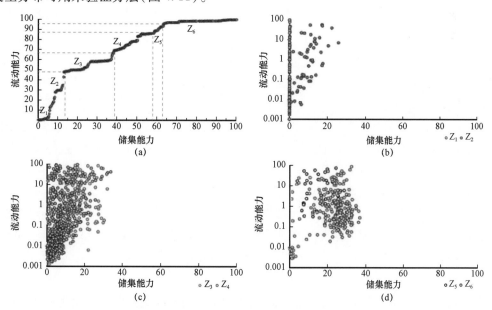

图4.11　扎格罗斯盆地西南渐新统—中新统碳酸盐岩地层 SMLP 图(a)。每一子图展示了层段3和层段4(Z_3 和 Z_4)的孔隙度—渗透率数据分布(b~d)。根据这些结果,层段3可以划分为两个小层(Z_5 和 Z_6)

4.7 编图

碳酸盐岩储层中非均质性评价的主要目标是重建高分辨率和高准确性的井间空间属性分布。许多成熟的方法都是基于每口井的垂向数据集的独立分析(例如岩石类型、流动单元和洛伦兹图),其他方法用来定性地关联数据(例如相模式)。编图是地质格架内井间储层属性的定量插值方法。通常,它们是地下属性平面分布的二维展示。该分布的准确性和分辨率取决于所用数据的类型、数量及所用的插值方法,这些数据来自岩心、测井曲线或地震剖面。随着数据的增多,地下可视化效果的准确性和分辨率也随之增加。实际上,二维图是建立储层三维模型和空间属性分布的先期展示。它们可帮助规划未来的投资和钻探。任何具有经纬度坐标及深度位置的数据集都可用平面图来表示。它们包括海拔、孔隙度、渗透率含水饱和度、岩性、相和岩石类型等。在绘制一张地下平面图时,使用准确的数据,考虑所有可能的解释,使用最合适的绘图法来得到一张可靠的平面图并与油田实际地质情况相符合是非常有必要的。因此,只基于数学公式的属性插值在碳酸盐岩储层中是不推荐的。碳酸盐岩储层的非均质性很强,属性随地质变量而变化,并不只是统计计算。相反,离散属性应当归因于特定的相。随后,其分布基于相模式的概念而建立。认识油田的构造格架和局部构造在任何解释前都是十分有必要的。

尽管并不是所有的平面图都是等值线的,大部分还是用该方法在二维平面来展示数据。等值线图的主体部分是等值线,每条线上的值相同。各种不同的数据在不同的平面图上用等值线表示。例如,具有相同层序厚度的点可以彼此连接并形成一张等厚图。根据数据的范围选择合适的等值线间隔。在绘制等值线图时有些基本原则需要遵守。例如,等值线彼此不能交叉,显然是因为每一点只有一个值。等值线越接近,梯度越大,反之亦然。通常,通过计算机来绘制等值线,因为计算机较为迅速和准确。使用者选择合适的等值线算法来得到一张逼真的平面图。理想情况下,一个网格通过 X、Y 和 Z 来表示。随后,网格节点(网格线交叉点)基于实际数据计算得到,并基于该网格建立最终的等值线图。节点的距离和数量取决于使用者所采用的真实数据的间距。

各种类型的地下平面图可用来认识碳酸盐岩储层的非均质性。最常见的是构造等值线图。构造等高线是基于某一基准面(通常为海平面)绘制的海拔高程图,数据点通常来自钻井。地层顶部的构造等值线图对未来钻井工程和认识储层的几何形态很有帮助。等厚图展示了一个地层单元的真实地层厚度,其等值线被称为等厚线,表示相同厚度的地层单元。稀疏的等值线表示厚度在平面上的变化较小,密集的等值线代表厚度的快速变化。这些不同类型的等值线图可用来认识储层岩石的几何形态和体积、识别地层圈闭和沉积环境,以及为部署勘探井和开发井提供指导。等厚图指示了地层垂向厚度变化。

相图展示了相在平面上的变化。由于特定的相具有其独特的储层特征,因而可用来评价非均质性和认识属性在储层的分布特征。储层相和非储层相的平面展布和变化可通过相图来识别。相图可仅粗略地通过岩性来绘制,但要用于更复杂的勘探目的,需要绘制精细且准确的相分布以确定含油气层段。各种不同类型的相图包括:

（1）表征岩性分布的岩相图；

（2）表征单一岩性厚度的等厚图；

（3）表征某一类型地质体的厚度占比的百分比图；

（4）基于某两种岩性比例的比例图,例如碳酸盐岩储层中以泥质为主的碳酸盐岩与以颗粒为主的碳酸盐岩的比例；

（5）用来描述三种岩性所占比例的三角相图。实际上,这不是等值线图。不同岩性或相的比例用图形和底纹来表示。每一种岩性或相类型占三角形的一个顶点,其比例的表征方式有很多种(图4.12)。储层中的每一数据点都有一个已知的三个相的比例。这些值彼此相连并形成最终的平面图(图4.12)。

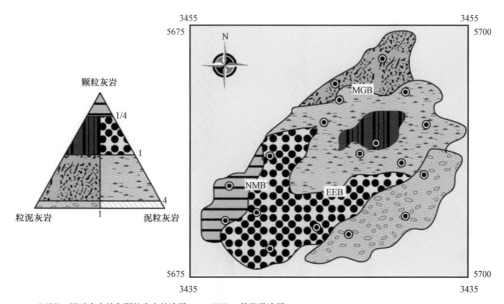

MGB：泥质为主的和颗粒为主的边界　　EEB：等能量边界

NMB：不含泥边界

⊙ 井点位置

图4.12　伊朗西北部侏罗纪碳酸盐岩的三角岩相图

古地理图代表了过去地质特征的地理位置,这些图的某些类型可用来认识储层的非均质性。例如,它们可表征各种不同相或岩性在一个特定地质历史时期不同位置的分布。它可以帮助认识沉积环境的类型和储层岩石的分布。在这些图中,最顶部的沉积被剥掉,并展示了沉积时该地区的地质特征。

在没有大的构造活动的储层中,绘制平面图要遵循等值线的基本原则,但主断层的发育会改变这一原则,主要的问题在于识别地下断层是很困难的。等值线并不能完全展示断层。正断层会导致井上地层的缺失,而逆断层会使地层重复出现。地层缺失或重复的部分至少需要对比两口井的测井曲线来识别(图4.13)。

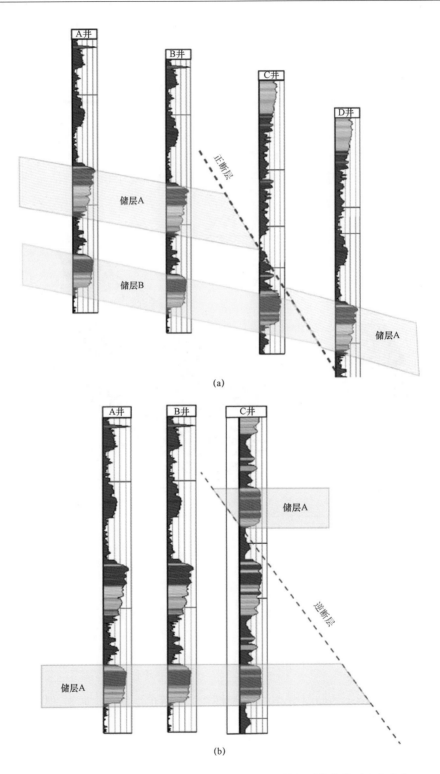

图 4.13　正断层（a）和逆断层（b）可通过至少两口井的测井曲线对比来确定

　　主断层也可在地震剖面上识别。某些情况下,地表地质图和油田的监测可帮助识别断层。

　　截面和剖面是井的二维关联。通过将井投影到垂直平面上,从而可以沿特定方向追踪属性(图4.14)。栅格图是三维空间的二维切片,它们对比较属性在不同方向的分布非常有帮助(图4.14)。

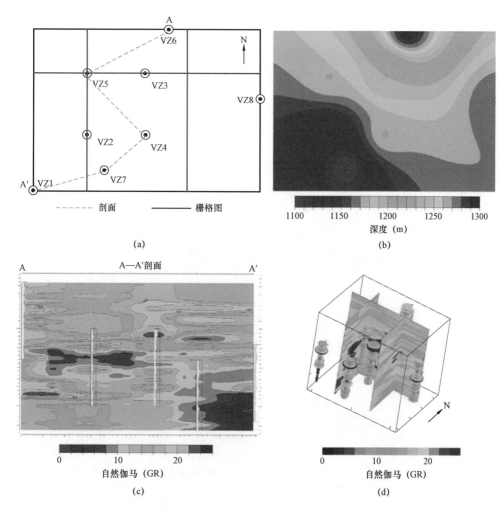

图4.14　来自伊朗西部阿尔必阶碳酸盐岩地层顶部图。井位图(a),地层顶面构造图(b),
剖面图(c)和栅格图(d)。剖面线和栅格位置见井位图

4.8　储层层析扫描技术

　　储层层析扫描技术是通过对油藏内不同井的数据插值形成水平切片,是储层表征的一项新技术。"层析扫描"在储层研究中通常是指 X 射线形成的计算机层析影像技术(计算机 CT 技术),前文已有论述(2.3节)。地震层析影像展示了由地震波组成的地球内部三维图像。如前所述,这是认识储层非均质性的宏观尺度手段(4.1节)。这里,层析影像是指对储层连续水

平切片。该方法需要来自不同井的相同类型的数据来建立连续切片,因此岩心和测井获得的数据可用于这项技术。储层物性的平面及垂向展布随时间的变化特征可应用该技术识别,其结果也可制成动画,以清晰地展示储层属性在地质历史时期中的变化(水平切片)。比较不同的层析切片图像可分析不同储层参数在宏观尺度的关系。储层层析扫描图像也可用来重建储层的沉积环境和原始相分布(Wylie 和 Huntoon,2003;Wylie 和 Wood,2005)。通过薄片数据及测井曲线的数值插值,层析扫描图像也可用来认识各类成岩作用的成因及对储层的影响。举例来说,一个含铸模孔(溶蚀)和晶间孔(白云石化)的碳酸盐岩储层层析扫描图像展示了储层中流体—岩石相互作用的演化。直井和水平井均可用来制作这些平面图。通常,将切片纵向叠置起来展示(图4.15)。例如,Wylie 和 Wood(2005)通过 GR、孔隙度和渗透率的层析扫描图像重建了贝拉河 Mills 油田志留纪 Brown Niagara 储层的点礁动画(图4.16)。他们认为该储层孔隙度、渗透率和 GR 测井值之间有很强的相关性。

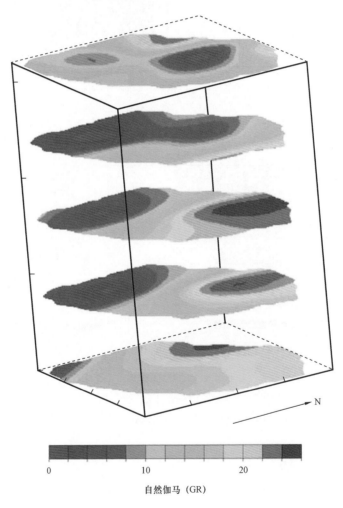

0   10   20

自然伽马(GR)

图4.15　伊朗西部阿尔必阶碳酸盐岩缓坡的 GR 切片堆叠图。不同时期 GR 测井值的变化
可能是由于陆源碎屑的输入或沉积环境氧化状态的变化

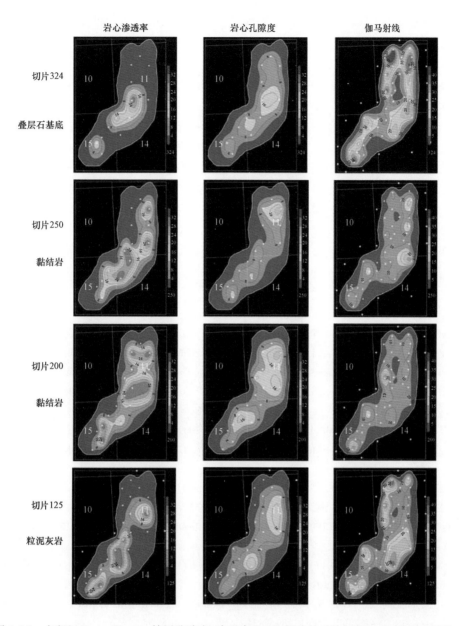

图 4.16 志留纪 Brown Niagara 储层孔隙度、渗透率和 GR 切片的对比（Wylie 和 Wood，2005）。
三个参数具有相同的趋势。切片自下而上进行编号，因此切片 125 是点礁的底部，切片
324 是顶部。渗透率单位为 mD，孔隙度单位为% ，GR 单位为 API。白点为控制点

4.9 宏观尺度的不确定性

宏观尺度非均质性的不确定性受数据收集的不确定性的影响较大。与岩心柱塞或测井曲
线相比，地震数据的分辨率较低，无法连续记录属性。研究者的经验和其对研究区的地质认识
对解释有很大影响。在裂缝储层研究中影响更大，裂缝储层在数据的采集、岩石物理评价和特

征描述上存在很大的困难。直接从储层采样是很困难的,其岩石物理特征很难确定,因为在实验测试中,大部分的流体通过裂缝流动,但还没有有效的地下裂缝的定量分析方法。认识流体在裂缝介质中流动的确定性方法还未出现,但这是很有必要的(Nelson,2001)。成像测井和地震数据可帮助克服这些困难,但并不是所有的井都有成像测井,并且地震数据的分辨率还不足够高到可以精确表征裂缝。

层序地层和储层分层中也存在不确定性。用来确定碳酸盐岩储层的层序和体系域的模式有很多。选取合适的模式和边界位置取决于地质学家的经验,可用不同的标准来识别某一区域的流体储集和流动。在很多情况下,工作的可靠性取决于微观结果的分布,例如每一层段的岩石类型。这些微观单元同样具有许多不确定性,从而使问题变得更复杂。层位的追踪和平面图的绘制是另一个问题。如果没有地震数据的约束或对油田的综合认识背景,其结果可能是不可靠的。平面图的准确性也取决于算法的使用,不同的算法可能会产生不同的结果。总之,由于这些不确定性的存在,应当谨慎预测碳酸盐岩储层属性的空间分布。

参 考 文 献

Abdolmaleki J, Tavakoli V (2016) Anachronistic facies in the early Triassic successions of the Persian Gulf and its palaeoenvironmental reconstruction. Palaeogeo Palaeoclimat Palaeoeco 446:213 – 224

Abdolmaleki J, Tavakoli V, Asadi – Eskandar A (2016) Sedimentological and diagenetic controls on reservoir properties in the Permian – Triassic successions of Western Persian Gulf, Southern Iran. J Petr Sci Eng 141:90 – 113

Ainsworth RB (2006) Sequence stratigraphic – based analysis of reservoir connectivity: influence of sealing faults—a case study from a marginal marine depositional setting. Petr Geosci 12:127 – 141

AmeenMS, SmartBGD, Somerville JMc, Hammilton S, NajiNA(2009) Predicting rock mechanical properties of carbonates from wireline logs (A case study: Arab – D reservoir, Ghawar field, Saudi Arabia). Mar Petr Geol 26 (4):430 – 444

Bailey WR, Manzocchi T et al (2002) The effect of faults on the 3D connectivity of reservoir bodies: a case study from the East Pennine Coalfield, UK. Petr Geosci 8:263 – 277

Beliveau D, Payne DA, Mundry M (1993) Waterflood and CO_2 flood of the fractured midale field. J Petr Technol 45 (9):817 – 881

Bisdom K, Nick HM, Bertotti G (2017) An integrated workflow for stress and flow modelling using outcrop – derived discrete fracture networks. Comput Geosci 103:21 – 35

Borgomano JRF, Fournier F, Viseur S, Rijkels L (2008) Stratigraphic well correlations for 3 – D static modeling of carbonate reservoirs. AAPG Bull 92(6):789 – 824

Burberry CM, Peppers MH (2017) Fracture characterization in tight carbonates: an example from the Ozark Plateau, Arkansas. AAPG Bull 101(10):1675 – 1696

Catuneanu O (2019) Model – independent sequence stratigraphy. Earth – Sci Rev 188:312 – 388

Catuneanu O, Abreu V, Bhattacharya JP, Blum MD, Dalrymple RW, Eriksson PG, Fielding CR, Fisher WL, Galloway WE, Gibling MR, Giles KA, Holbrook JM, Jordan R, Kendall CGStC, Macurda B, Martinsen OJ, Miall AD, Neal JE, Nummedal D, Pomar L, Posamentier HW, Pratt BR, Sarg JF, Shanley KW, Steel RJ, Strasser A, Tucker ME, Winker C (2009) Towards the standardization of sequence stratigraphy. Earth – Sci Rev 92(1 – 2): 1 – 33

Clark MS, Beckley LM, Crebs TJ, Singleton MT (1996) Tectono – eustatic controls on reservoir compartmentalisati-

on and quality—an example from the uppermiocene of the San Joaquin basin, California. Mar Petr Geol 13(5):
475 – 491

Daraei M, Bayet – Goll A, AnsariM(2017) An integrated reservoir zonation in sequence stratigraphic framework: A
case from the Dezful Embayment, Zagros, Iran. J Petr Sci Eng 154:389 – 404

Dashti R, Rahimpour – Bonab H, ZeinaliM(2018) Fracture and mechanical stratigraphy in naturally fractured car-
bonate reservoirs – a case study from Zagros region. Mar Petr Geol 97:466 – 479

Davis GH, Reynolds SJ, Kluth CF (2011) Structural geology of rocks and regions. Wiley, Hoboken, NJ

De Keijzer M, Hillgartner H, Al Dhahab S, Rawnsley K (2007) A surface – subsurface study of reservoir – scale
fracture heterogeneities in Cretaceous carbonates. N Om Geol Soc Spec Publ 270:227 – 244

Dong T, Harris NB, Ayranci K, Yang S (2017) The impact of rock composition on geomechanical properties of a
shale formation: middle and Upper Devonian Horn River Group shale, Northeast British Columbia, Canada.
AAPG Bull 101(2):177 – 204

Ferrill DA, Morris AP (2008) Fault zone deformation controlled by carbonate mechanical stratigraphy, Balcones fault
system, Texas. AAPG Bull 92(3):359 – 380

Flugel E (2010) Microfacies of carbonate rocks. Analysis, interpretation and application, 2nd ed, p984 XXIII

Gale JFW, Laubach SE, Marrett RA, Olson JE, Holder J, Reed RM (2004) Predicting and characterizing fractures
in dolostone reservoirs: using the link between diagenesis and fracturing. In: BraithwaiteCJR, Rizzi G, DarkeG
(eds) The geometry and petrogenesis of dolomite hydrocarbon reservoirs, vol 235. Geological Society, London
(Special Publications), pp 177 – 192

Guerriero V, Mazzoli S, Iannace A, Vitale S, Carravetta A, Strauss CA (2013) permeability model for naturally
fractured carbonate reservoirs. Mar Petr Geol 40(1):115 – 134

GunterGW, Finneran JM, Hartmann DJ,Miller JD (1997) Early determination of reservoir flowunits using an inte-
grated petrophysical method. In: Proceedings—SPE annual technical conference and exhibition, Omega (Pt 1),
pp 373 – 380

Hatcher RD (1994) Structural geology: principles concepts and problems. Prentice Hall, Upper Saddle River

Hennings P, Allwardt P, Paul P, Zahm C, Reid R Jr, Alley H, Kirschner R, Lee B, Hough E (2012)

Relationship between fractures, fault zones, stress, and reservoir productivity in the Suban gas field, Sumatra, Indo-
nesia. AAPG Bull 96(4):753 – 772

Hosseini M, Tavakoli V, Nazemi M (2018) The effect of heterogeneity on NMR derived capillary pressure curves,
case study of Dariyan tight carbonate reservoir in the central Persian Gulf. J Petr Sci Eng 171:1113 – 1122

Jodeyri – Agaii R, Rahimpour – Bonab H, Tavakoli V, Kadkhodaie – Ilkhchi R, Yousefpour MR (2018) Integrated
approach for zonation of a mid – cenomanian carbonate reservoir in a sequence stratigraphic framework. Geol Acta
16(3):321 – 337

Jolley SJ, Fisher QJ, Ainsworth RB (2010) Reservoir compartmentalization: an introduction. In: Jolley SJ, Fisher
QJ, Ainsworth RB, Vrolijk PJ, Delisle S (eds) Reservoir compartmentalization. Geological Society, London
(Special Publications), p 347

Korneva I, Bastesen E, Corlett H, Eker A, Hirani J, Hollis C, Gawthorpe RL, Rotevatn A, Taylor R (2018) The
effects of dolomitization on petrophysical properties and fracture distribution within rift related carbonates (Ham-
mam Faraun Fault Block, Suez Rift, Egypt). J Struct Geol 108:108 – 120

Lavenu APC, Lamarche J (2018) What controls diffuse fractures in platform carbonates? Insights from Provence
(France) and Apulia (Italy). J Struct Geol 108:94 – 107

Lorenz MO (1905) Methods of measuring concentration of wealth. Am Stat Assoc 9(70):209 – 219

Martin AJ, Solomon ST, Hartmann DJ (1997) Characterization of petrophysical flow units in carbonate reservoirs. AAPG Bull 81(5):734 – 759

Massaro L, Corradetti A, Vinci F, Tavani S, Iannace A, Parente M, Mazzoli S (2018) Multiscale fracture analysis in a reservoir – scale carbonate platform exposure (Sorrento Peninsula, Italy): implications for fluid flow. Geofluids Art No. 7526425

McQuillan H (1973) Small – scale fracture density in Asmari formation of Southwest Iran and its relation to bed thickness and structural setting. AAPG Bull 47(12):2367 – 2385

Mehrabi H, Mansouri M, Rahimpour – Bonab H, Tavakoli V, Hassanzadeh M, Eshraghi H, Naderi M (2016) Chemical compaction features as potential barriers in the Permian – Triassic reservoirs of South Pars Field, Southern Iran. J Petr Sci Eng 145:95 – 113

Michie EAH (2015) Influence of host lithofacies on fault rock variation in carbonate fault zones: a case study from the Island of Malta. J Struct Geol 76:61 – 79

MooreCH,WadeWJ(2013) Natural fracturing in carbonate reservoirs. Dev Sedimentol 67:285 – 300

Morettini E, Thompson A, Eberli G, Rawnsley K, Roeterdink R, Asyee W, Christman P, Cortis A, Foster K, Hitchings V, Kolkman W, van Konijnenburg JH (2005) Combining high – resolution sequence stratigraphy and mechanical stratigraphy for improved reservoir characterisation in the Fahud field of Oman. GeoArabia 10(3):17 – 44

Nabawy BS, Basal AMK, Sarhan MA, Safa MG (2018) Reservoir zonation, rock typing and compartmentalization of the Tortonian – Serravallian sequence, Temsah Gas Field, offshore Nile Delta, Egypt. Mar Petr Geol 92:609 – 631

Nelson RA (2001) Geologic analysis of fractured reservoirs, 2nd ed, p 352

Rahimpour – Bonab H (2007) A procedure for appraisal of a hydrocarbon reservoir continuity and quantification of its heterogeneity. J Petr Sci Eng 58(1 – 2):1 – 12

Rahimpour – Bonab H, Enayati – Bidgoli AH, Navidtalab A, Mehrabi H (2014) Appraisal of intra reservoir barriers in the Permo – Triassic successions of the central Persian gulf, offshore Iran. Geol Acta 12(1):87 – 107

Rustichelli A, Iannace A, Girundo M (2015) Dolomitization impact on fracture density in pelagic carbonates: contrasting case studies from the Gargano Promontory and the southern Apennines (Italy). Ital J Geosci 134(3):556 – 575

Sangree JB,Widmier JM (1977) Seismic stratigraphy and global changes in sealevel Part 9: seismic interpretation of clastic depositional facies. In: Payton (ed) Seismic stratigraphy: application to hydrocarbon exploration, vol 26. AAPG Memoir, pp 165 – 184

Schmalz JP, Rahme HS (1950) The variations in water flood performance with variation in permeability profile. Prod Mon 15(9):9 – 12

Schmoker JW, Krystinik KB, Halley RB (1985) Selected characteristics of limestone and dolomite reservoirs in the United States. AAPG Bull 69(5):733 – 741

Sowers GM (1970) Private report "Theory of spacing of extension fractures," in geologic fractures of rapid excavation. Geol Soc Am Eng, Geol. Case History no 9:27 – 53

TavakoliV(2017) Application of gamma deviation log (GDL) in sequence stratigraphy of carbonate strata, an example from offshore Persian Gulf, Iran. J Petr Sci Eng 156:868 – 876

Tavakoli V, Naderi – Khujin M, Seyedmehdi Z (2018) The end – Permian regression in the western Tethys: sedimentological and geochemical evidence from offshore the Persian Gulf, Iran. Geo – Mar Lett 38(2):179 – 192

Vail PR, Todd RG, Sangree JB (1977) Seismic stratigraphy and global changes of sea level: part 5. Chronostratigraphic significance of seismic reflections: section 2. Appl Seism Reflect Config Strat Interpret 26:99 – 116

Veeken PCH, van Moerkerken B (2013) Seismic stratigraphy and depositional facies models. EAGE Publications

Volatili T, Zambrano M, Cilona A, Huisman BAH, Rustichelli A, Giorgioni M, Vittori S, Tondi E (2019) From fracture analysis to flow simulations in fractured carbonates: The case study of the Roman Valley Quarry (Majella Mountain, Italy). Mar Petr Geol 100:95 – 110

Wang F, Li Y, Tang X, Chen J, Gao W (2016) Petrophysical properties analysis of a carbonate reservoir with natural fractures and vugs using X – ray computed tomography. J Nat Gas Sci Eng 28:215 – 225

Wylie AS Jr, Huntoon JE (2003) Log curve amplitude slicing—visualization of log data for the Devonian Traverse Group, Michigan basin, U. S. AAPG Bull 87(4):581 – 608

Wylie AS Jr, Wood JR (2005) Well – log tomography and 3 – D imaging of core and log – curve amplitudes in a Niagaran reef, Belle RiverMills field, St. Clair County, Michigan, United States. AAPG Bull 89(4):409 – 433

第5章　岩石物理评价

地层评价是储层研究最重要的部分之一,该过程主要通过测井曲线来实现。这些数据通常在所有的井和层段上都可获得。根据测井曲线计算孔隙度、含水饱和度和岩性的公式和参数有很多,储层非均质性可极大地改变这些公式和参数。不同单元或岩石类型的基质、孔隙类型、渗透率和其他岩石物理属性是不同的,因此,对所有样品使用同一公式会导致错误的结果,用这些公式计算的最终地质储量也是不准确的,并且该结果会对未来油田的开发方案编制和投资产生很大影响。将储层划分为不同的岩石类型或储层单元后,选取合适的参数来计算,这些参数包括不同单元各类岩性的测井响应以及储层单元的特定的岩石物理特征(例如阿尔奇公式中的胶结指数)。在确定性的方法中,这些参数在每一步是不同的。换言之,不同储层单元或岩石类型的计算公式都有其特定的参数。随后,前一阶段的结果用于下一步的计算。在随机方法中,计算每一均质单元的储层属性的数学模型是不同的,每个模型的参数也不同。例如,如果孔隙类型控制了储层的含水饱和度,该储层应根据其孔隙类型进行分类。随后,对每一部分建立独立的模型并结合每一岩石类型的实验数据和测井曲线来计算整个储层段的含水饱和度。

5.1　非均质性的影响

现今已有许多储层岩石物理学的理论、概念和应用方面的著作(Lucia ,2007;Tiab 和 Donaldson,2015)。本章的目的是研究储层非均质性对岩石物理评价的影响以及如何解决其中的问题。岩石物理学是研究流体流动和储集的学科。其关注的属性如孔隙度、渗透率及含水饱和度主要来自岩心分析(McPhee 等,2015;Tavakoli,2018)。然而,大多数井都是没有岩心的,而测井曲线可从油田的大多数井中获得。因此,岩石和流体属性可通过测井曲线在全油田标定。通过测井曲线数据来计算储层岩石的岩石物理属性已有多年。因此,通常术语"岩石物理学"是指通过这些数据来评价岩石物理属性,本章也使用这个概念。

测井的主要目标是计算孔隙度、岩性和含水饱和度三个属性。不同公式和数学算法应用于测井曲线的计算会产生不同的结果。然而,其目标是不变的。不同的学者们已经创建了不同的方程来计算这些属性。其中一些公式是经验性公式(例如,计算含水饱和度的阿尔奇方程),其他的来自不同岩石物理概念的数学计算(例如,通过声波曲线计算孔隙度的威利方程)。岩石的非均质性对这两类公式均有很大影响。因此,油田开发方案和投资可能会差异很大。岩石的强非均质性会导致错误的结果。所有这些公式都具有恒定值或假定的特殊情况,不同的油田和储层其值可能不同。实际上,它们在不同的样品间差异很大。例如,阿尔奇第一定律[式(5.1)]指出胶结指数(m)是地层水电阻率的函数(R_w),一块完全饱和流体的岩石,流体的电阻率为 $R_w(R_o)$,孔隙度为 ϕ:

$$R_o = R_w \phi^{-m} \tag{5.1}$$

参数 m 用来计算油藏含水饱和度。对一组样品,通过在双对数散点图上绘制地层参数(F)与孔隙度的关系来计算 m(图5.1)。F 的计算方法是 R_o 除以 R_w。

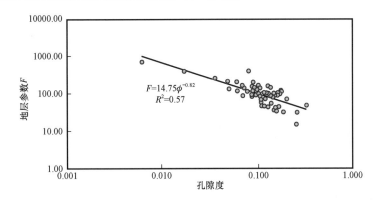

图 5.1　波斯湾二叠纪—三叠纪碳酸盐岩样品的地层参数与孔隙度散点图。
直线的斜率为 m（Nazemi 等，2018）

阿尔奇认为 m 随参数的不同而变化，这些参数决定了流体流动的迂曲度。对于一条直线形的路径，例如裂缝，m 值为 1，但是碳酸盐岩储层的孔隙结构较为复杂，m 值变化范围在 2~2.6 之间。因此，根据不同的属性例如孔隙度类型、孔喉大小和渗透率的范围对岩石分类，会得到不同的含水饱和度大小（图 5.2 和图 5.3，表 5.1 至表 5.3），这些计算是在波斯湾盆地二

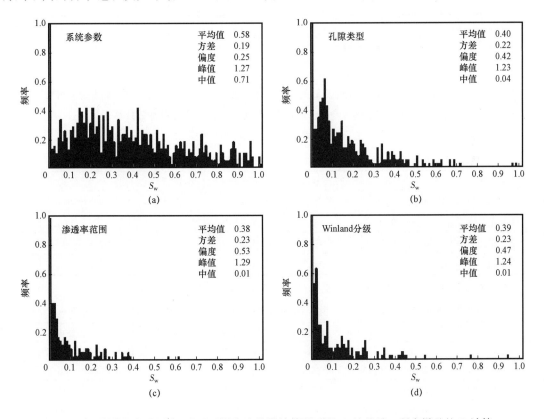

图 5.2　碳酸盐岩地层中，通过不同方法分类计算得到的 S_w 的差异。所有样品的 S_w 计算
使用的 n 和 m 值均为 2(a)。随后，根据不同的孔隙类型(b)，渗透率范围(c)，
孔喉大小(d)重新计算。每一组样品的阿尔奇指数均在实验室计算得到

叠纪—三叠纪碳酸盐岩储层中完成的(Nazemi 等,2018)。岩石的含水饱和度通过阿尔奇公式得到[式(5.2)]:

$$S_{w} = \sqrt[n]{\frac{R_{w}\phi^{-m}}{R_{t}}} \qquad (5.2)$$

式中 S_{w}——含水饱和度;

ϕ——孔隙度;

R_{t}——样品的真电阻率;

n——饱和度指数,本例假定为2,以避免更复杂。

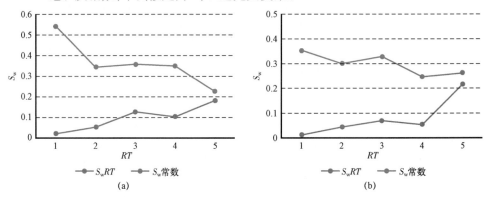

图 5.3   波斯湾盆地致密碳酸盐岩地层 S_{w} 的计算。可明显看到通过应用恒定阿尔奇指数(橘线)和变指数(蓝线)计算的 S_{w} 的差异。两口井(a 和 b)S_{w} 的结果通过常数计算得更高。
岩石类型(RT)根据渗透率范围确定

表5.1   波斯湾二叠纪—三叠纪储层根据孔隙类型分类的参数特征及胶结指数 m

孔隙类型	m	R^2	m(中值)	m(SD)	m(CV)	公式
晶间孔	0.76	0.91	1.75	0.32	0.18	$F = 14.94\phi^{-0.76}$
粒间孔	1.74	0.56	2.11	0.22	0.10	$F = 2.18\phi^{-1.74}$
铸模孔	0.76	0.57	2.15	0.39	0.18	$F = 14.94\phi^{-0.76}$
瓦格孔	1.74	0.99	1.74	0.04	0.02	$F = 14.94\phi^{-1.71}$

注:R^2 为 F 和孔隙度关系的回归,SD 为标准偏差,CV 为变异系数(修改自 Nazemi 等,2018)。

表5.2   波斯湾二叠纪—三叠纪储层基于不同孔喉大小分类的参数特征及胶结指数 m

R_{35}(μm)	m	R^2	m(中值)	m(SD)	m(CV)	公式
$R_{35} < 0.2$	0.77	0.92	2.07	0.27	0.13	$F = 19.80\phi^{-0.77}$
$R_{35} = 0.2 \sim 0.5$	0.70	0.65	2.05	0.34	0.17	$F = 19.72\phi^{-0.70}$
$R_{35} = 0.5 \sim 1$	0.62	0.19	2.16	0.44	0.20	$F = 23.19\phi^{-0.62}$
$R_{35} = 1 \sim 2$	0.86	0.82	2.06	0.40	0.19	$F = 12.54\phi^{-0.86}$
$R_{35} = 2 \sim 5$	2.45	0.91	2.11	0.16	0.07	$F = 0.50\phi^{-2.45}$

注:R^2 为 F 和孔隙度关系的回归,SD 为标准偏差,CV 为变异系数,R_{35} 为毛细管压力测试(MICP)中汞饱和度为35%的孔喉半径(修改自 Nazemi 等,2018)。

表5.3　波斯湾二叠纪—三叠纪储层基于不同渗透率范围分类的参数特征及胶结指数 *m*

渗透率（mD）	*m*	R^2	*m*（中值）	*m*（*SD*）	*m*（*CV*）	公式
0.01~0.1	0.30	0.98	1.92	0.40	0.21	$F = 53.74\phi^{-0.30}$
0.1~1	0.73	0.62	2.03	0.31	0.15	$F = 19.11\phi^{-0.73}$
1~10	0.92	0.31	2.23	0.40	0.18	$F = 12.64\phi^{-0.92}$
10~100	1.12	0.89	1.91	0.31	0.16	$F = 4.94\phi^{-1.12}$

注：R^2 为 *F* 和孔隙度关系的回归，*SD* 为标准偏差，*CV* 为变异系数（修改自 Nazemi 等，2018）。

表5.1 至表5.3 以及图5.2 表明不同分类结果的 *m* 会造成完全不同的 S_w 结果。

有些含常数的公式也是如此，这些常数在不同的岩石类型中是不同的。例如通过 Winland 方程计算孔喉大小。Winland 方程与孔隙度、渗透率和毛细管压力测试（MICP）中汞饱和度为35%的孔喉半径相关（Kolodize，1980），公式如下：

$$\lg R_{35} = 0.732 + 0.588 \lg K_{air} - 0.864 \lg \phi \tag{5.3}$$

式中　R_{35}——毛细管压力测试（MICP）中汞饱和度为35%的孔喉半径；

　　　K_{air}——空气渗透率；

　　　ϕ——孔隙度。

显然这些常数通过 Winland 数据库即56 个砂岩样品和26 个碳酸盐岩样品计算得出。不同的地层和其岩石类型在使用这些参数时应当根据实际情况修改它们来提高预测孔喉大小和渗透率的准确性。尽管修改参数很重要，很少有研究会修改它们（Nooruddin 等，2016），大多数使用的都是原始值。Nooruddin 等（2016）基于 MICP 实验分析了中东地区多个侏罗纪的碳酸盐岩储层，得出了渗透率模型，包括应用 Winland 方程，当使用的常数为原始值时得到的是错误的结果。相反，利用校正系数后，渗透率解释精度得到了提升。值得注意的是其孔隙度和渗透率数据集具有几乎正态的分布（图5.4）。随着样品非均质性的降低，其准确性会提高。

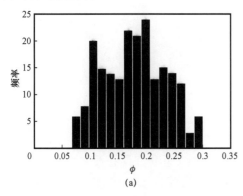
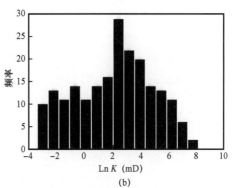

图5.4　来自 Nooruddin 数据集的206 个碳酸盐岩样品的孔隙度和渗透率分布（Nooruddin 等，2014）

5.2　参数的选取

如前所述，非均质性会影响岩石物理属性的计算。因此，岩层评价结果的准确性很大程度上取决于计算所用参数的选取是否合适。主要有两种方法可用来计算油藏的储层特征:确定性岩石物理方法和随机岩石物理方法。在确定性方法中,其计算过程和结果不存在随机性。一个确定性公式如果给定相同的条件或初始状态,通常会得到相同的结果。研究者虽然可改变公式和初始输入数据得到不同的结果,但是若使用相同的假设和方程必然得到相同的结果。通过伽马射线测井(GR)计算泥质含量(V_{sh})就是一个很好的例子。在线性方法中,V_{sh}通过公式(5.4)计算:

$$V_{sh} = (GR_{log} - GR_{min})/(GR_{max} - GR_{min}) \tag{5.4}$$

式中　GR_{log}——目标点的 GR 测井值;

　　　GR_{min}——研究层段 GR 测井值的最小值;

　　　GR_{max}——研究层段 GR 测井值的最大值。

通过该公式计算某一点上的 V_{sh} 值通常是相同的。除此之外,还有计算 V_{sh} 的其他公式,因此不同公式计算得到的结果是不同的,但同一公式用相同参数计算所得的结果是不变的。所有这些公式均只考虑一个地层属性,并且该属性最多用一到两个测井响应来计算(例如,V_{sh}来自中子—密度交会图)。确定性的岩石物理学方法会使用一系列步骤计算。例如,V_{sh}是通过 GR 测井曲线数据计算的。随后,通过这些数据消除泥岩对中子测井响应的影响并得出孔隙度值。再通过这两个结果计算该点其他矿物的体积,忽略了其他参数对计算的影响。例如,中子测井响应会受石膏矿物的影响,云母和钾长石矿物会对 GR 测井响应产生影响,它们在计算中被忽略了。

根据使用的公式来选择每一步计算中的地层特征参数。例如,在计算 V_{sh} 时,GR 测井值的最大值和最小值是必要的。这些常数可能是整个研究层段的最大值和最小值,但泥岩的类型在整个研究层段可能是不同的。因此,应当为含不同泥岩类型的各个层段分别定义极值来获取更可靠的结果。

通过声波速度数据计算孔隙度的 Wyllie 方程是另一个例子。Wyllline 时间—平均方程是将两个参数通过一个线性方程相关联[式(5.5)]:

$$\phi = (\Delta t - \Delta t_m)/(\Delta t_f - \Delta t_m) \tag{5.5}$$

式中　ϕ——孔隙度;

　　　Δt——地层的声波旅行时;

　　　Δt_m——岩石骨架的声波旅行时;

　　　Δt_f——地层流体的声波旅行时。

碳酸盐岩的声波速度取决于岩性、孔隙度、孔隙类型和岩石结构。声波在固体中传播的速度比在液体中快。与方解石相比,白云石具有更高的声波速度。具有孤立孔和大孔(铸模孔和瓦格孔)的碳酸盐岩比相同孔隙度具有小而连通均匀孔隙分布的碳酸盐岩声波速度快。因此,Wyllie 方程计算的孔隙度受岩石物理属性的影响很大,包括岩性和孔隙类型。图 5.5 展示了伊朗西南部某油田 Fahliyan 组(下白垩统)由 Wyllie 方程计算的孔隙度,起初选取岩石估计的平均旅行时(44μs/ft)计算孔隙度,该值是石灰岩和白云岩声波速度的平均值(图 5.5a)。随后,根据每种岩性的声波时差(硬石膏为 50μs/ft,白云岩为 40μs/ft,石灰岩为 45μs/ft)重新计算各自的孔隙度(图 5.5b)。从图 5.5b 中可以看出,其结果完全不同。硬石膏样品的孔隙度用绿色表示。当样品根据岩性分类时,其孔隙度显著下降。

　　对于不同孔隙类型储层,计算孔隙度更为复杂。现今声波时差还不能分别计算不同孔隙类型的孔隙度。因此,应当校正孔隙度结果。可在实验室中测试含不同数量的各类孔隙的样品,并得到校正参数。

　　用确定性方法分析两条测井曲线也可得到一个岩石物理参数如 V_{sh}。中子—密度(ND)交会图可用来计算 V_{sh}(图 5.6)。在该方法中必须已知泥岩、岩石骨架和地层水的密度,也需要知道纯泥岩中中子孔隙度(N_ϕ)的大小。地层水的中子响应是 1 或 100%。将岩石骨架、泥岩和水在中子—密度交会图上投点,这些点彼此连接得到一个三角形。V_{sh} 在泥岩顶点为 1,在地层水—岩石骨架边界线上为 0。新点的 V_{sh} 根据其位置计算。岩石骨架的体积密度(ρ_b)可从孔隙度零点的 ρ_b 读值得到。换言之,当 N_ϕ 为 0 时,ρ_b 与岩石骨架密度(ρ_{ma})相同。同样,泥岩密度和孔隙度为最大 GR 测井值处对应的 ρ_b 和 N_ϕ。使用不同的 ρ_b 可得到不同的泥质含量。因此,为了得到一个确切的泥质含量,应对地层进行岩性分类。对于泥岩和地层水来说也是如此,但对岩石骨架更重要,因为泥岩和地层水的密度在储层研究中变化不大。

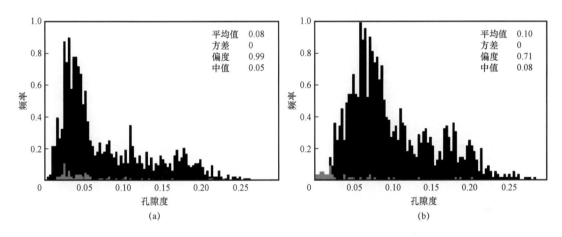

图 5.5　伊朗西南部 Fahliyan 地层(早白垩世)孔隙度分布

　　随机岩石物理学的情况则不相同,在该方法中,每个储层参数的计算值(例如孔隙度、含水饱和度和岩性)取决于其他参数、常量和公式。所有的计算均在一个多维空间,包括通过不同测井曲线计算岩石物理参数的各类公式。因此,这其中包括随机性元素。在一个随机模型中,某些变量未知。因此,如果改变一个方程中的一个参数,所有的结果会随之变化。通过所有矿物和流体体积建立一组响应公式。公式(5.6)展示了这种形式,公式(5.7)展示了碳酸盐岩中一系列光电测井响应(PEF)的例子。岩石由方解石和白云石两种矿物组成,包括气、水两种流体。

$$R_{\log} = P_1 V_1 + P_2 V_2 + \cdots + P_n V_n \tag{5.6}$$

式中　$R_{\log}$——预测测井响应;

　　　P——测井相关的属性;

　　　V——测井相关属性的体积。

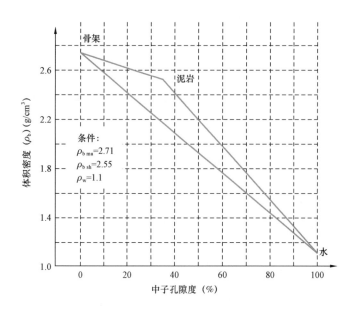

图 5.6　碳酸盐岩地层中计算 V_{sh} 的中子—密度交会图。根据泥岩、岩石骨架和地层水密度及
中子响应的不同,顶点的位置不同

$$PEF_{\log} = PEF_{cal} V_{cal} + PEF_{dol} V_{dol} + PEF_{wat}(S_w \phi) + PEF_{gas}(S_g \phi) \tag{5.7}$$

式中　$PEF_{\log}$——测点的测井值;

　　　V——体积;

　　　cal——方解石;

　　　dol——白云石;

　　　S_w——含水饱和度;

　　　S_g——含气饱和度;

　　　ϕ——孔隙度。

值得注意的是,饱和度与孔隙度相乘是由于流体是孔隙体积的一部分,而矿物是总体积的一部分。随后,用最小二乘法计算测井响应的测量值和预测值之间的最佳拟合[$R_{\log}$ 由式(5.6)得到]。累计所有的预测误差得到最终误差,最终的模型包含了所有矿物和流体的体积[式(5.8)]。

$$\begin{bmatrix} P_{11} & P_{12} & P_{13} & P_{14} \\ P_{21} & P_{22} & P_{23} & P_{24} \\ \vdots & \vdots & \vdots & \vdots \\ \cdots & \cdots & \cdots & P_{mn} \end{bmatrix} \cdot \begin{bmatrix} v_{11} \\ v_{21} \\ \vdots \\ v_{n1} \end{bmatrix} = \begin{bmatrix} r_1 \\ r_2 \\ r_3 \\ \vdots \\ r_{m1} \end{bmatrix} \tag{5.8}$$

式中　P——矿物和流体的标准测井响应,例如,PEF_{cal};

v——组分的体积；

m——模型中使用的测井曲线数目；

n——组分的数目（矿物和流体）；

r——测井响应。

　　为每一点建立一个独立的模型，包括不同的体积和读值。尽管该计算方法与确定性方法完全不同，但变量是相同的。每一单元的常量和岩石骨架属性由于储层的非均质性而不同。应当根据不同的属性建立多个模型。模型中属性的改变会导致组分体积的变化。尽管矿物属性（例如方解石密度）仍然是常量，但不同储层的不同层段含有不同的矿物、孔隙类型、孔隙体积、渗透率等。例如，泥岩的 ρ_{ma}、GR 和中子响应、泥岩声波旅行时、光电因子和流体类型在不同的样品或层段可能不同。已开发了一些岩石物理程序，可将不同的模型应用到不同的层段或样品中。

5.3　解决问题

　　最佳常量和成分的选择对岩石物理评价的最终结果有很大影响，这也是为什么要考虑储层非均质性的原因。处理不同参数非均质性的准则可能是不同的。尽管阿尔奇指数极大地取决于孔隙类型，计算碳酸盐岩孔隙度的 Wyllie 方程使用的岩石骨架声波旅行时完全取决于岩性。因此，岩石类型分类或储层分层应当根据相似的孔隙类型来计算 S_w。相反，岩性和孔隙类型应当包含在岩石分类中，以便于用 Wyllie 方程计算孔隙度。因此，最佳的岩石分类方法应在一个单元内综合所有的储层属性。这是储层研究中最具挑战的一部分。应将各种岩石分类方法应用于世界不同碳酸盐储层的不同数据，以明确每个公式或模型的最佳方法。图 5.7 展示了伊朗南部渐新世—中新世碳酸盐岩储层孔隙度与声波速度数据的关系。对这些数据使用了四种不同的岩石分类方法，包括岩性（石灰岩和白云岩）、孔隙类型（粒间孔、铸模孔、晶间孔和瓦格孔）、渗透率范围和结构特征。同时也展示了 Wyllie 方程计算的石灰岩和白云岩骨架线，显然白云岩样品通常具有更高的声波速度（图 5.7a）。在低孔隙度中，数据遵循 Wylie 方程。随着孔隙度的增加，偏离程度也增加。具有较高孔隙度和渗透率的样品离线较远（图 5.7b）。这些样品的孔隙类型大多数包括粒间孔、铸模孔和晶间孔（图 5.7c）。以泥质为主的样品（泥岩）和以颗粒为主的（颗粒岩）样品在部分图中展示（图 5.7d）。因此，高孔隙度和渗透率导致了数据点的偏离。这些样品应当在该储层进行岩石分类时组合到一种岩石类型中。

　　最后一步是通过测井曲线校正岩石类型。测井曲线在大多数井和储层层段中都是可获得的，因此可用于校正。电测井相（EF）对此很有帮助。将岩石类型与电测井相对比，不同井中具有相同电测井相的岩石类型具有几乎相同的属性特征。因此，可以为它们的岩石物理评价使用相同的常量和系数。这些电测井相将用于最终的静态模型，该模型展示了属性在三维空间的分布。

　　在所有的例子中，值得注意的是，计算中应考虑地层覆压的影响。孔隙度和渗透率均随深度和压力的增加而下降。因此，估算的原地储量通常比油藏的真实值要大。

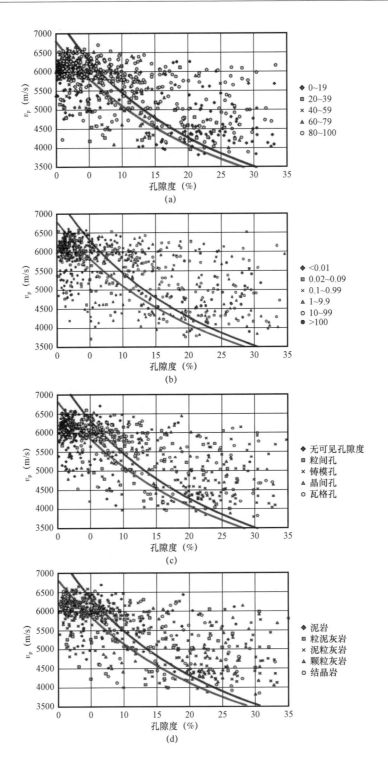

图 5.7　不同岩石分类方法和它们与 Wyllie 方程中石灰岩(蓝线)和白云岩(红线)的关系。
基于白云石含量(a)、渗透率范围(b)、孔隙类型(c)及结构(d)的岩石分类

参 考 文 献

Kolodizie SJ（1980）Analysis of pore throat size and use of theWaxman – Smits equation to determine OOIP in Spindle Field, Colorado. SPE paper 9382 presented at the 1980 SPE Annual Technical Conference and Exhibition, Dallas, Texas

Lucia FJ（2007）Carbonate reservoir characterization: an integrated approach. Springer, Berlin, Heidelberg

McPhee C, Reed J, Zubizarreta I（2015）Core analysis: a best practice guide. Elsevier, London Nazemi M, Tavakoli V, Rahimpour – Bonab H, Hosseini M, Sharifi – Yazdi M（2018）The effect of carbonate reservoir heterogeneity on Archie's exponents（a and m）, an example from Kangan and Dalan gas formations in the central Persian. Gulf J Nat Gas Sci Eng 59:297 – 308

Nooruddin HA, Hossain ME, Al – Yousef H, Okasha T（2014）Comparison of permeability models using mercury injection capillary pressure data on carbonate rock samples. J Petrol Sci Eng 12:9 – 22

Nooruddin HA, Hossain ME, Al – Yousef H, Okasha T（2016）Improvement of permeability models using large mercury injection capillary pressure dataset for middle east carbonate reservoirs. J Porous Media 19(5):405 – 422

Tavakoli（2018）Geological core analysis: application to reservoir characterization. Springer, Cham

Tiab D, Donaldson EC（2015）Petrophysics, theory and practice of measuring reservoir rock and fluid transport properties. Gulf Professional Publishing, Houston

附录 A　单位换算表

1mile = 1.609km

1ft = 30.48cm

1in = 25.4mm

1acre = 2.59km^2

1ft^2 = 0.093m^2

1in^2 = 6.45cm^2

1ft^3 = 0.028m^3

1in^3 = 16.39cm^3

1lb = 453.59g

1bbl = 0.16m^3

1mmHg = 133.32Pa

1atm = 101.33kPa

1psi = 6.89kPa

1psi = 1psig = 6894.76Pa

psig = psia − 14.79977

℃ = K − 273.15

$℃ = \dfrac{5}{9}(℉ − 32)$

1cP = 1mPa · s

1mD = 1 × 10^{-3}μm^2

1bar = 10^{5}Pa

1dyn = 10^{-5}N

1kgf = 9.80665N

国外油气勘探开发新进展丛书（一）

书号：3592
定价：56.00元

书号：3663
定价：120.00元

书号：3700
定价：110.00元

书号：3718
定价：145.00元

书号：3722
定价：90.00元

国外油气勘探开发新进展丛书（二）

书号：4217
定价：96.00元

书号：4226
定价：60.00元

书号：4352
定价：32.00元

书号：4334
定价：115.00元

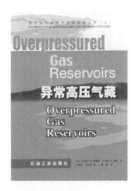

书号：4297
定价：28.00元

国外油气勘探开发新进展丛书（三）

书号：4539
定价：120.00元

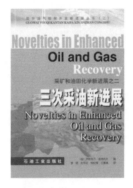

书号：4725
定价：88.00元

书号：4707
定价：60.00元

书号：4681
定价：48.00元

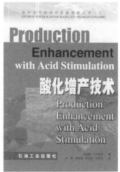

书号：4689
定价：50.00元

书号：4764
定价：78.00元

国外油气勘探开发新进展丛书（四）

书号：5554
定价：78.00元

书号：5429
定价：35.00元

书号：5599
定价：98.00元

书号：5702
定价：120.00元

书号：5676
定价：48.00元

书号：5750
定价：68.00元

国外油气勘探开发新进展丛书（五）

书号：6449
定价：52.00元

书号：5929
定价：70.00元

书号：6471
定价：128.00元

书号：6402
定价：96.00元

书号：6309
定价：185.00元

书号：6718
定价：150.00元

国外油气勘探开发新进展丛书（六）

书号：7055
定价：290.00元

书号：7000
定价：50.00元

书号：7035
定价：32.00元

书号：7075
定价：128.00元

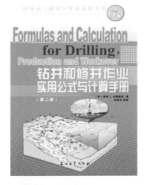

书号：6966
定价：42.00元

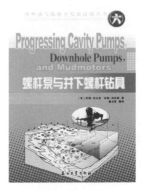

书号：6967
定价：32.00元

国外油气勘探开发新进展丛书（七）

书号：7533
定价：65.00元

书号：7802
定价：110.00元

书号：7555
定价：60.00元

书号：7290
定价：98.00元

书号：7088
定价：120.00元

书号：7690
定价：93.00元

国外油气勘探开发新进展丛书（八）

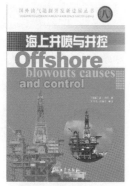

书号：7446
定价：38.00元

书号：8065
定价：98.00元

书号：8356
定价：98.00元

书号：8092
定价：38.00元

书号：8804
定价：38.00元

书号：9483
定价：140.00元

国外油气勘探开发新进展丛书（九）

书号：8351
定价：68.00元

书号：8782
定价：180.00元

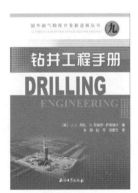

书号：8336
定价：80.00元

书号：8899
定价：150.00元

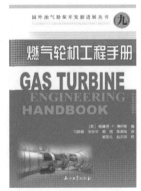

书号：9013
定价：160.00元

书号：7634
定价：65.00元

国外油气勘探开发新进展丛书（十）

书号：9009
定价：110.00元

书号：9989
定价：110.00元

书号：9574
定价：80.00元

书号：9024
定价：96.00元

书号：9322
定价：96.00元

书号：9576
定价：96.00元

国外油气勘探开发新进展丛书（十一）

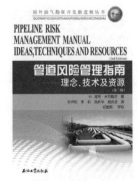

书号：0042
定价：120.00元

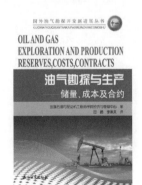

书号：9943
定价：75.00元

书号：0732
定价：75.00元

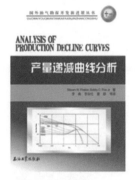

书号：0916
定价：80.00元

书号：0867
定价：65.00元

书号：0732
定价：75.00元

国外油气勘探开发新进展丛书（十二）

书号：0661
定价：80.00元

书号：0870
定价：116.00元

书号：0851
定价：120.00元

书号：1172
定价：120.00元

书号：0958
定价：66.00元

书号：1529
定价：66.00元

国外油气勘探开发新进展丛书（十三）

书号：1046
定价：158.00元

书号：1167
定价：165.00元

书号：1645
定价：70.00元

书号：1259
定价：60.00元

书号：1875
定价：158.00元

书号：1477
定价：256.00元

国外油气勘探开发新进展丛书（十四）

书号：1456
定价：128.00元

书号：1855
定价：60.00元

书号：1874
定价：280.00元

书号：2857
定价：80.00元

书号：2362
定价：76.00元

国外油气勘探开发新进展丛书（十五）

书号：3053
定价：260.00元

书号：3682
定价：180.00元

书号：2216
定价：180.00元

书号：3052
定价：260.00元

书号：2703
定价：280.00元

书号：2419
定价：300.00元

国外油气勘探开发新进展丛书（十六）

书号：2274
定价：68.00元

书号：2428
定价：168.00元

书号：1979
定价：65.00元

 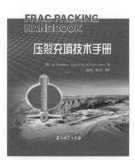

书号：3450
定价：280.00元

书号：3384
定价：168.00元

国外油气勘探开发新进展丛书（十七）

书号：2862
定价：160.00元

书号：3081
定价：86.00元

书号：3514
定价：96.00元

书号：3512
定价：298.00元

书号：3980
定价：220.00元

国外油气勘探开发新进展丛书（十八）

书号：3702
定价：75.00元

书号：3734
定价：200.00元

书号：3693
定价：48.00元

书号：3513
定价：278.00元

书号：3772
定价：80.00元

书号：3792
定价：68.00元

国外油气勘探开发新进展丛书（十九）

书号：3834
定价：200.00元

书号：3991
定价：180.00元

书号：3988
定价：96.00元

书号：3979
定价：120.00元

书号：4043
定价：100.00元

书号：4259
定价：150.00元

国外油气勘探开发新进展丛书（二十）

书号：4071
定价：160.00元

书号：4192
定价：75.00元

国外油气勘探开发新进展丛书(二十一)

书号：4005
定价：150.00元

书号：4013
定价：45.00元

书号：4075
定价：100.00元

书号：4008
定价：130.00元

国外油气勘探开发新进展丛书(二十二)

书号：4296
定价：220.00元

书号：4324
定价：150.00元

书号：4399
定价：100.00元

国外油气勘探开发新进展丛书(二十三)

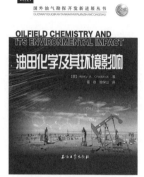

书号：4362
定价：160.00元

书号：4466
定价：50.00元